世界优秀建筑设计机构

精选作品集 9

曾江河 编

UNStudio

天津大学出版社
TIANJIN UNIVERSITY PRESS

UNStudio

UNStudio成立于1988年，由本·凡·伯克尔和卡罗琳·博斯共同创建，是一家总部位于荷兰的建筑设计事务所，致力于建筑设计、城市开发以及基础设施规划设计等领域。事务所名称的英文全称为United Network Studio（联合网络工作室），寓意事务所在工程项目中所应具有的协作精神。

UNStudio拥有20多年国际项目经验，通过与全球国际咨询事务所、合作伙伴和顾问事务所建立长期合作关系，不断扩展自身能力。UNStudio在阿姆斯特丹以及中国上海市中心设立了办公室，使其在世界各地均能高效开展工作。目前，UNStudio在亚洲、欧洲和北美洲等地区已经完成了70多个项目，并且正在继续向世界其他区域扩展业务，例如，最近的业务范围覆盖中国、韩国、意大利、德国以及美国等。

UNStudio遵循网络发展战略，已经开发出一套灵活高效的工作流程，将参数化设计引入到工作当中，与其他领域的优秀专业人士进行广泛合作。UNStudio从一开始就主张国际化工作模式，已经出色地完成了多领域设计任务，如公共建筑、基础设施、办公建筑、住宅、产品以及城市整体规划等领域，其中主要项目包括：斯图加特新梅赛德斯-奔驰博物馆（德国，2006年）、大型多功能项目杭州莱福士广场（中国，2008—2014年）、首尔佳乐利亚百货商场（韩国，2005年）、水原市"爱·公园城市"项目88座住宅塔楼城市规划与建筑设计（韩国，2007—2012年）、高雄大立精品馆（中国台湾，2009年）、纽约州私人住宅NM别墅（美国，2007年）、莱利斯塔德阿格拉剧院（荷兰，2007年）以及阿姆斯特丹埃拉斯姆斯大桥（荷兰，1996年）。

UNStudio亚洲事务所于2009年成立，并在中国上海市成立了其第一间办公室。UNStudio亚洲事务所是UNStudio的全资子公司，与UNStudio阿姆斯特丹事务所有着密切的联系。成立之初，UNStudio亚洲事务所只是为了方便进行杭州莱福士广场项目的设计工作，但目前已经发展成为一个全方位设计工作室，并且拥有一支由各领域专业建筑师组成的国际化设计团队。

2007年，UNStudio获得了"2006—2007年度设计师"称号，事务所创始人本·凡·伯克尔于同年荣获"查尔斯·詹克斯奖"，而且该事务所设计的梅赛德斯-奔驰博物馆项目于次年获得"德国雨果·哈林建筑奖"。此外，本·凡·伯克尔最近被邀请在哈佛大学设计研究院进行"丹下健三讲座"。

可实现的设计
UNStudio致力于推广和实施可持续性设计，并且在全球以及地方各区域的每个项目初期充分考虑经济、社会和生态可持续性等环境问题。该事务所着眼于经济和社会可行性，在办公室内确保每个方案的"可实现性"。可实现性（Attainability）虽然只是英文中的"affordable（经济可行性）"和"sustainable（可持续性）"两个单词的简单缩合，但是要以实际项目中的大量设计方法为依托。为了在所有项目中成功实现可持续性特点，客户的要求与UNStudio的目标具有同等重要的作用。此外，我们目前正在进行多个获得LEED、BREEAM和DGNB认证的项目。

整体设计法
在工作当中，UNStudio青睐于一种整体建筑设计法，这是一个无等级之分，复杂、高效的整体设计过程，涉及建筑的各个方面。该设计过程对时间、用途、交通、施工、建材、虚拟系统及其价值进行研究、可视化和联系，并最终将其统一成一个完整的组织结构。工程条件、城市环境和基础设施等不断变化的因素是建筑中最重要的几个参数，而且在一个项目中共存。对一个项目进行新的整体可视化操作对设计师的想象力是一项巨大挑战，因为这涉及将设计要求转变为空间效果以及复杂的结构组织。

可靠的方法
UNStudio清楚地了解建筑师在项目中所扮演的不同角色。建筑行业不断研发的生产工艺、跨国建筑的现状、新设计方法以及更加复杂多变的建筑功能等因素促使我们不断开发新的工作策略。我们非常乐意帮助客户发现一块区域内所存在的问题和所具有的潜能。这种洞察力可以作为一种决策工具，帮助设计师解决项目中的规划难题。我们的作品都是经过在便捷的施工方法与持久的设计理念之间不断寻找一种平衡效果之后而提出的最佳方案。

目 录

莱福士城

◎ 设计公司：UNStudio
◎ 项目地点：中国杭州
◎ 占地面积：40 355 平方米

◎ 竣工时间：2014年
◎ 建筑面积：389 489 平方米

UNStudio设计的多功能莱福士城项目位于浙江省省会城市杭州钱塘江沿岸附近，距离上海市西南部180公里。杭州市拥有169万城市人口，是中国最著名、经济最繁荣的大型城市之一，以其优美的自然景观，尤其是西湖风景闻名于世。

杭州莱福士城是凯德中国继新加坡、巴林和上海、北京、成都之后的第六个莱福士城项目。该项目包括零售、办公、住宅和酒店等功能，将该地块打造成为钱塘新城区域内的一个标志性文化景观。

据设计师本·凡·伯克尔的介绍："莱福士城项目背后的设计理念是在城市环境中将多种功能统一起来，因此我们为该项目设计了扭曲的外观，并且将设计重点放在建筑功能与景观的结合处。在设计阶段，该项目的功能元素与景观环境充分融合到一起，同时这些功能元素也形成了独特的环境景观，因此成功将两个相互分离的元素统一到同一个建筑形式当中。"

杭州莱福士城按计划将于2014年竣工。经过六年的规划与施工，建成后总楼层将达到60层，人们既能够在这里欣赏到钱塘江和西湖的优美景观，又能够在这两个风景区内欣赏到该项目呈现的独特建筑景观。该项目总楼层面积将达到近40万平方米。

杭州莱福士城项目位于钱塘新城区域的核心位置，身处西湖和商业中心等一系列杭州知名景区和建筑当中，将为该区域注入新的活力。

设计师本·凡·伯克尔在谈到该项目时说："我相信该项目将产生巨大的影响，因为其具有独特的形象和个性化的品质，将成为一个人们流连忘返的地方。该项目既与周边建筑相互呼应，又与杭州市的城市环境融合到一起，因此我相信它们将成为中国非常独特的高层建筑。"

可持续设计原则

可持续性设计是UNStudio设计原则中的一个非常重要的组成部分。在莱福士城项目中，UNStudio希望该项目获得绿色建筑认证体系（LEED）颁发的绿色建筑评级系统金牌认证，这是对生态友好型建筑进行评级的权威行业标准。

从自然通风设计到材料应用等所有工作均互相协调，以便尽最大努力减小建筑对能源和材料的消耗。城市可持续性也是该设计中的一个主要因素。该项目将为游客和居民打造一个24小时活动空间、商务中心以及新的旅游地点，使这里成为一个集工作、生活、休闲和娱乐于一体的一站式城市目的地。

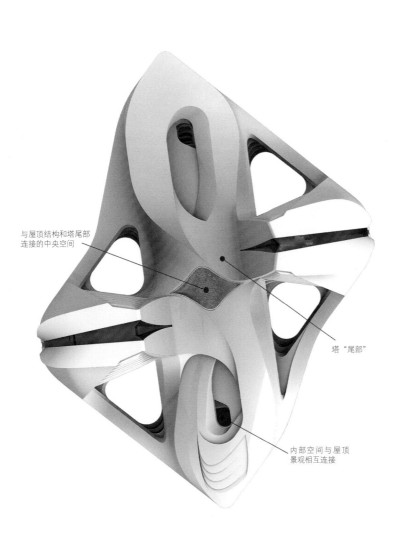

基座外观设计

与屋顶结构和塔尾部
连接的中央空间

塔"尾部"

内部空间与屋顶
景观相互连接

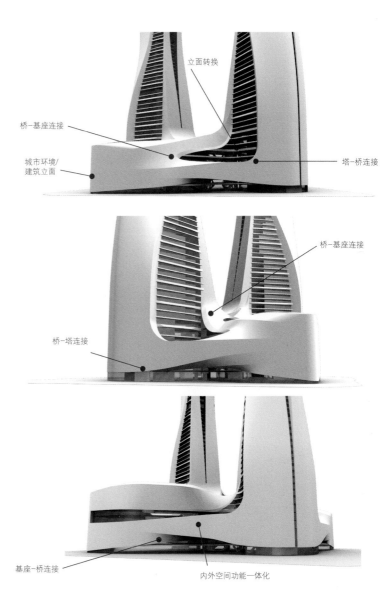

立面转换

桥-基座连接

城市环境/
建筑立面

塔-桥连接

桥-基座连接

桥-塔连接

基座-桥连接

内外空间功能一体化

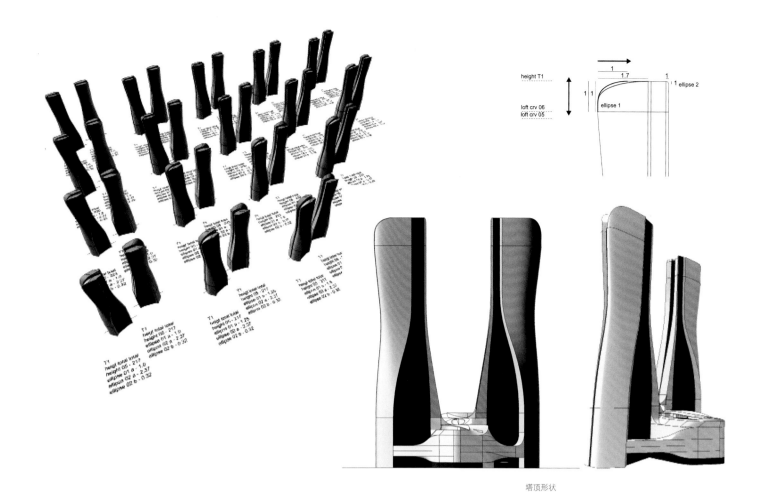

height T1

loft crv 06
loft crv 05

ellipse 1

ellipse 2

塔顶形状

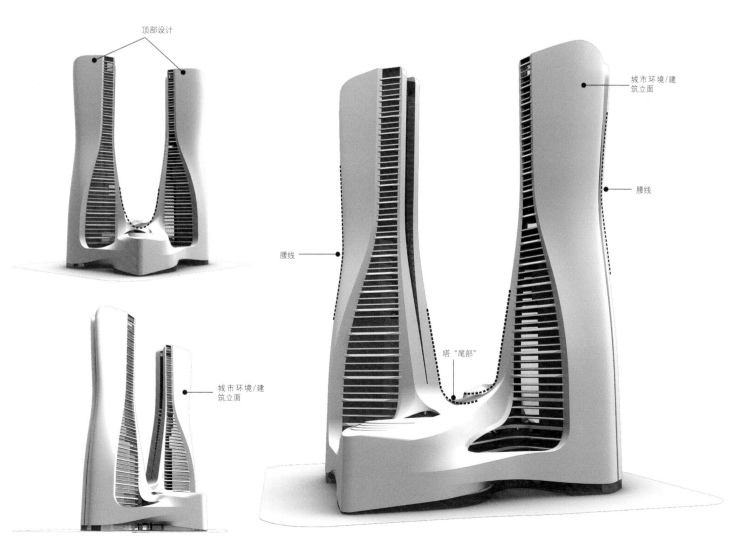

顶部设计

城市环境/建
筑立面

腰线

腰线

塔"尾部"

城市环境/建
筑立面

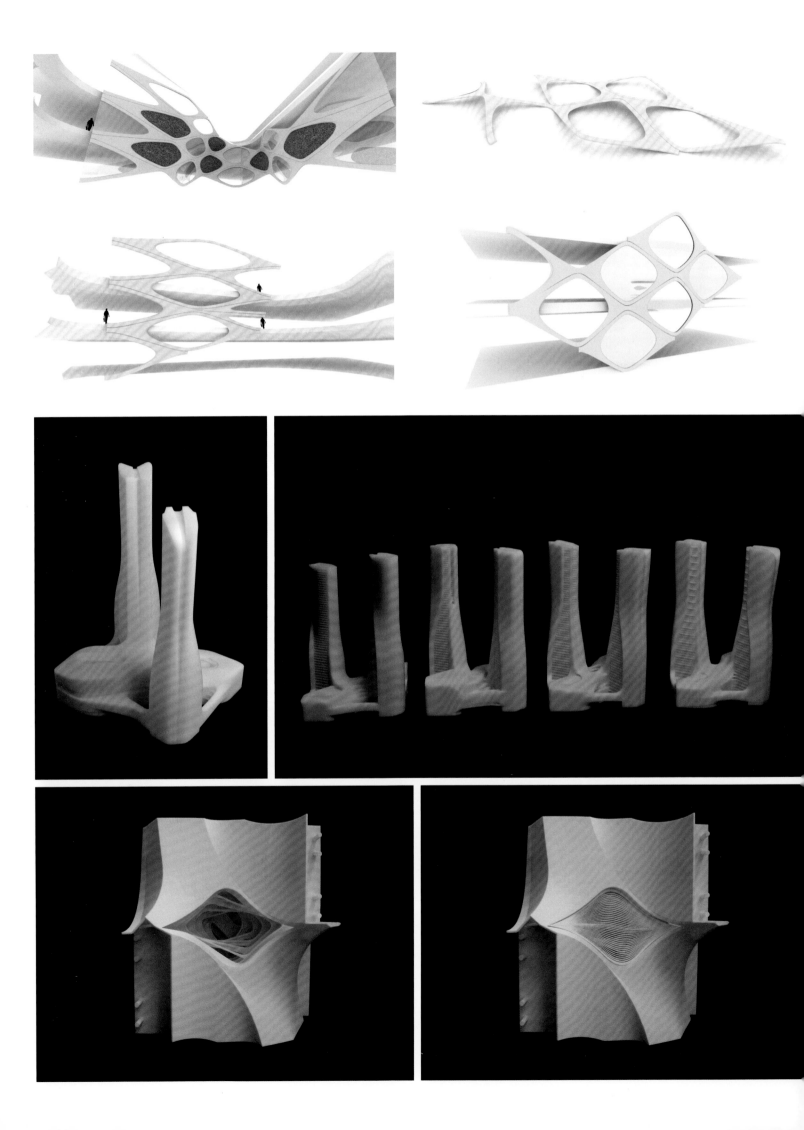

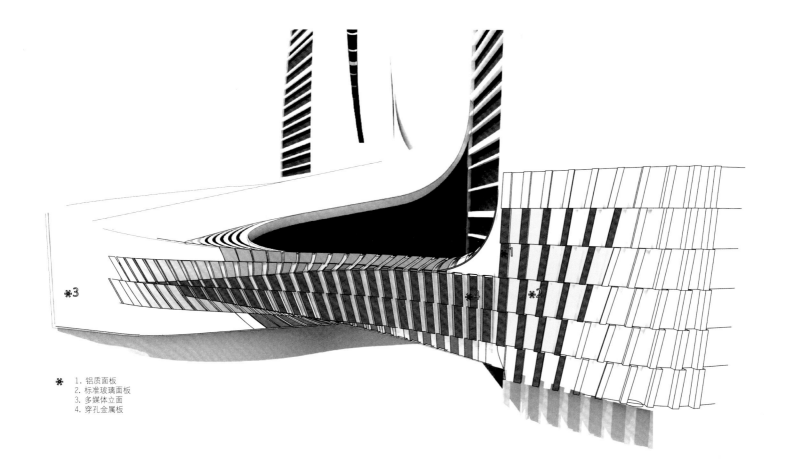

* 　1. 铝质面板
　　2. 标准玻璃面板
　　3. 多媒体立面
　　4. 穿孔金属板

方案1

顶部与底部实体/不透明表面

方案2

桥底照明/多媒体立面连接

方案3

桥面照明/多媒体立面连接

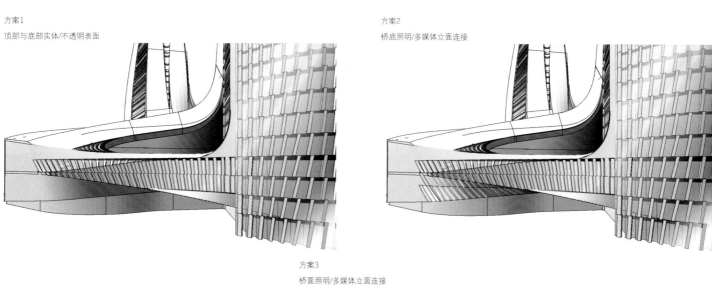

L9
L8
L7
L6
L5
L4 retail   retail
L3
L2
L1 event space   event space

中央空间立体截面图

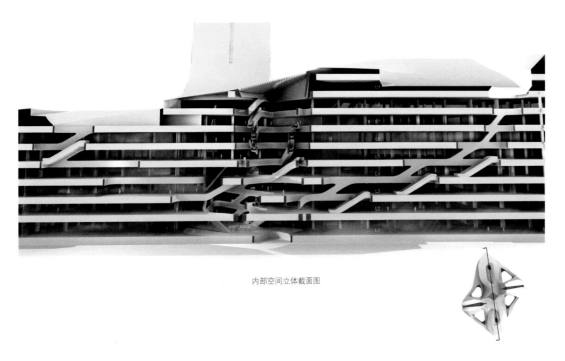

内部空间立体截面图

立面结合处透视图

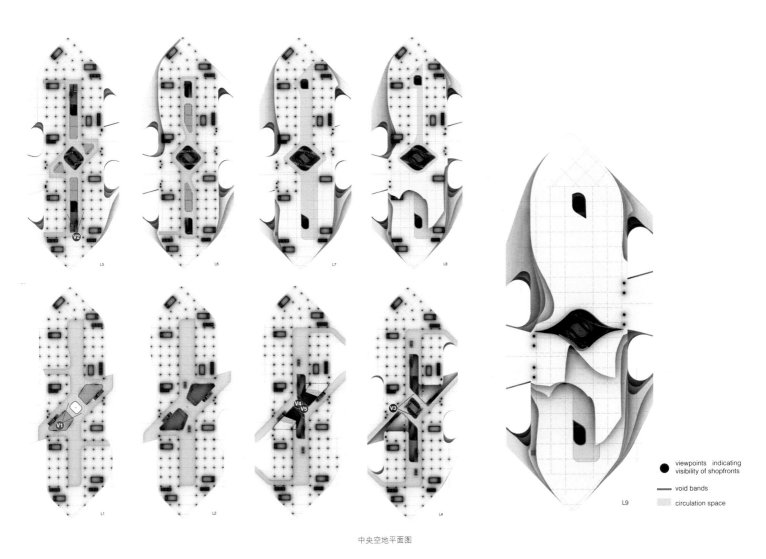

L5 L6 L7 L8

L1 L2 L4

● viewpoints indicating
  visibility of shopfronts

— void bands

 circulation space

L9

中央空地平面图

方案1——屋顶视图

方案2——屋顶视图

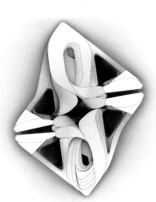

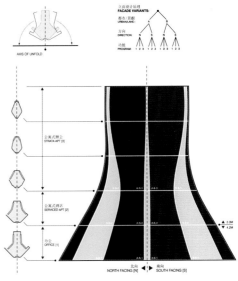

[A] ■ URBAN FACADE
[B] □ LANDSCAPE FACADE

FACADE TOTAL SURFACE: — 39,600 SQM (100%)
URBAN FACADE SURFACE: — 28,200 SQM (71%)
LANDSCAPE FACADE SURF: — 11,400 SQM (29%)

AXIS OF UNFOLD

立面设计原理
FACADE VARIANTS:

都市/景观
URBAN:LAND

方向
DIRECTION

功能
PROGRAM: 1 2 3   1 2 3   1 2 3   1 2 3

公寓式群公
STRATA APT [3]

公寓式酒店
SERVICED APT [2]

办公
OFFICE [1]

北向   南向
NORTH FACING [N] ◄ ► SOUTH FACING [S]

遮阳构建的变化

横向   纵向
景观立面   都市立面

82%   80%   78%   73%   60%   50%   50%   50%   70%   80%
[VOID %]

16°   32°   48°   64°   70°   78°   82°   86°

SET A   SET B   SET C   SET D

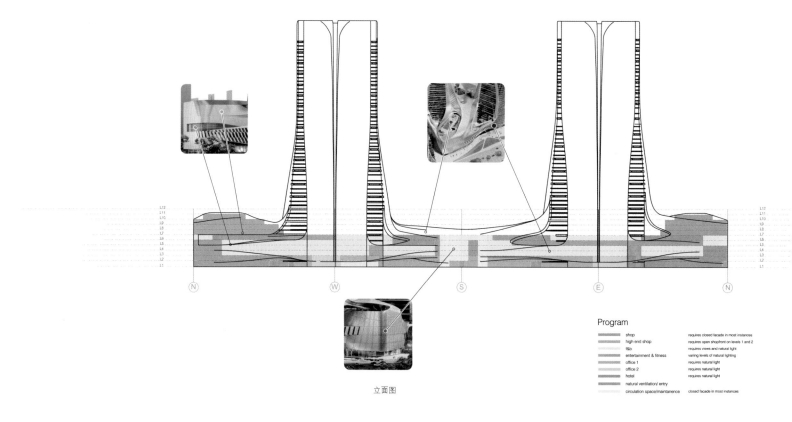

立面图

Program

	shop	requires closed facade in most instances
	high end shop	requires open shopfront on levels 1 and 2
	f&b	requires views and natural light
	entertainment & fitness	varing levels of natural lighting
	office 1	requires natural light
	office 2	requires natural light
	hotel	requires natural light
	natural ventilation/ entry	
	circulation space/maintanence	closed facade in most instances

三节点法

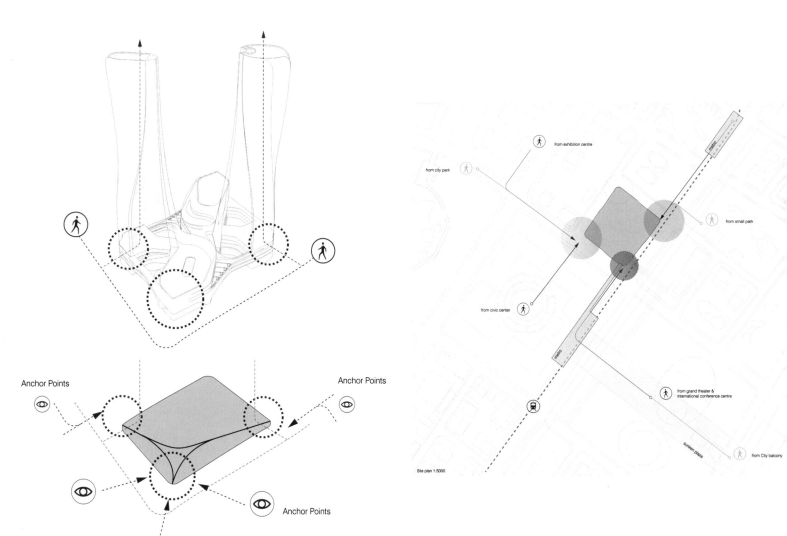

Anchor Points

Anchor Points

Anchor Points

from exhibition centre

from city park

from small park

from civic center

from grand theater &
international conference centre

from City balcony

Site plan 1:5000

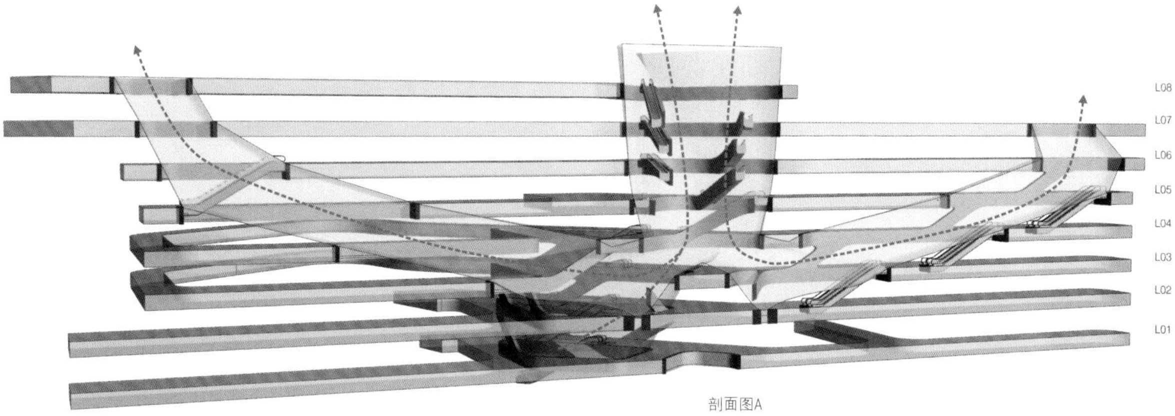

剖面图A

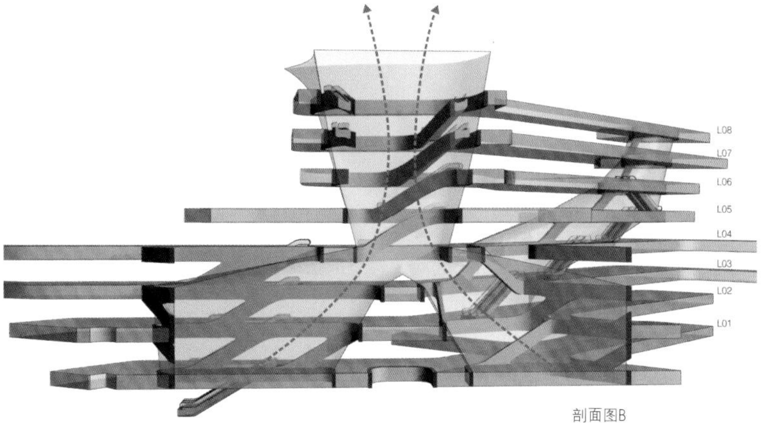

L08
L07
L06
L05
L04
L03
L02
L01

剖面图B

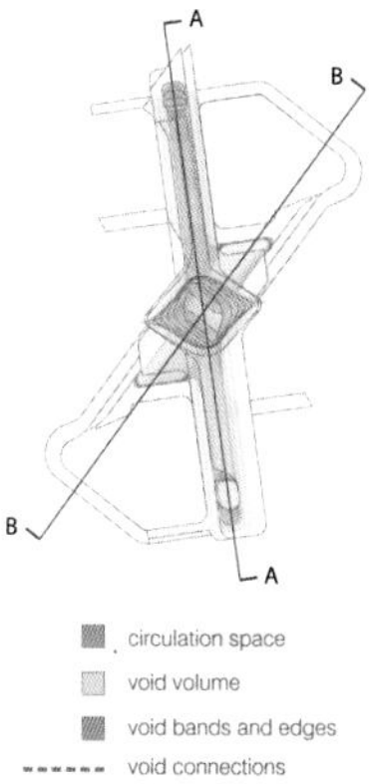

L08
L07
L06
L05
L04
L03
L02
L01

A
B
B
A

■ circulation space
▫ void volume
■ void bands and edges
---- void connections

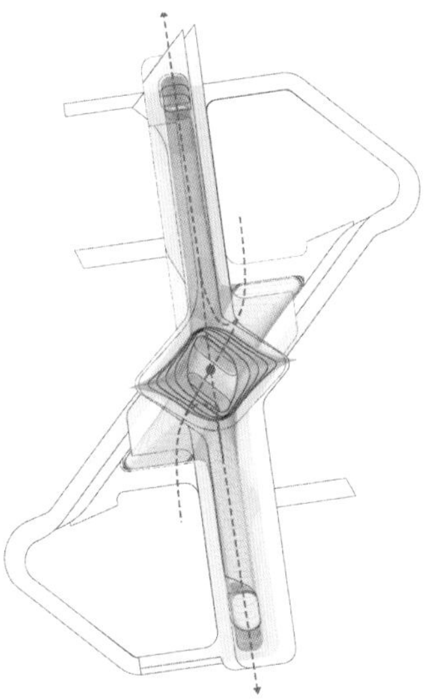

plan

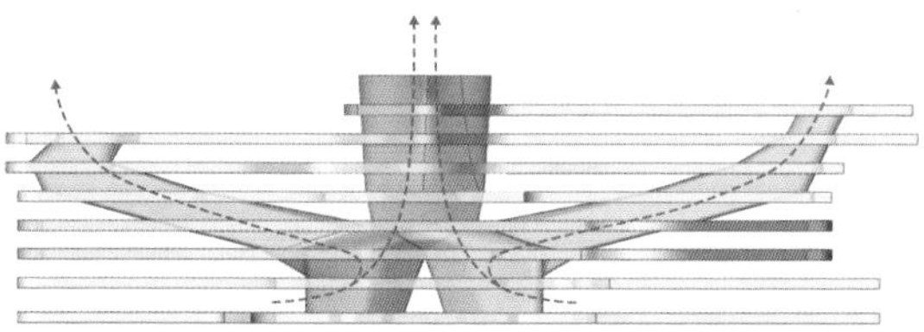

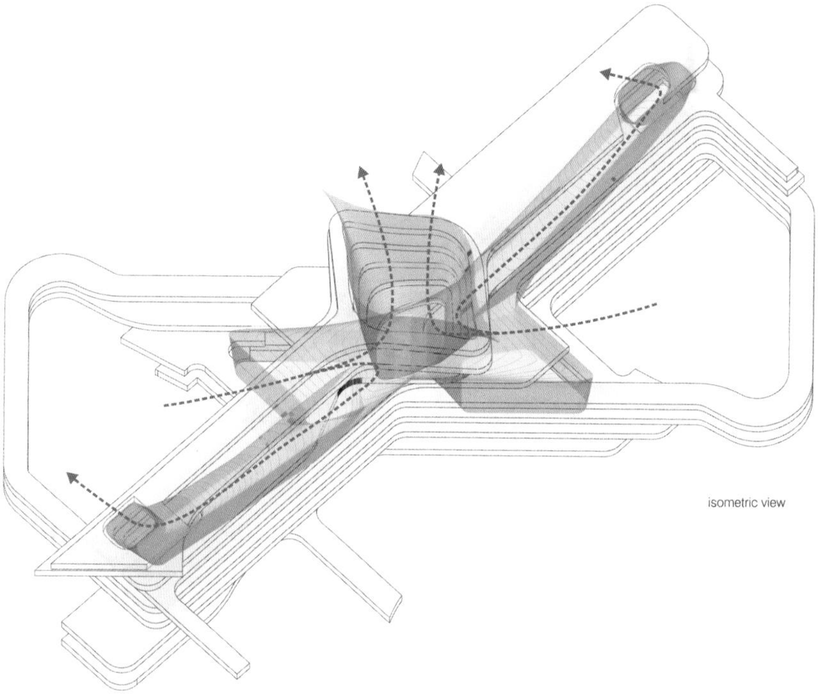

isometric view

□ circulation space
▫ void volume
---- void connections

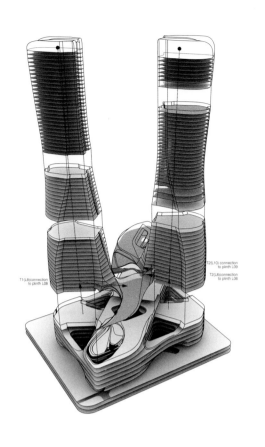

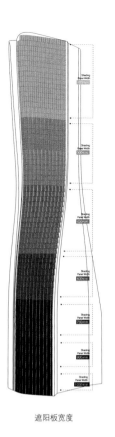

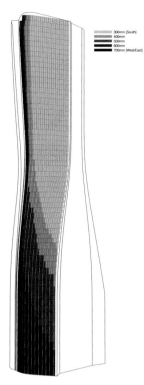

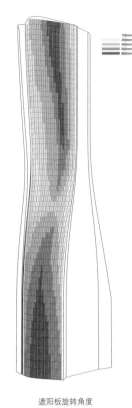

遮阳板宽度 遮阳板深度 遮阳板旋转角度

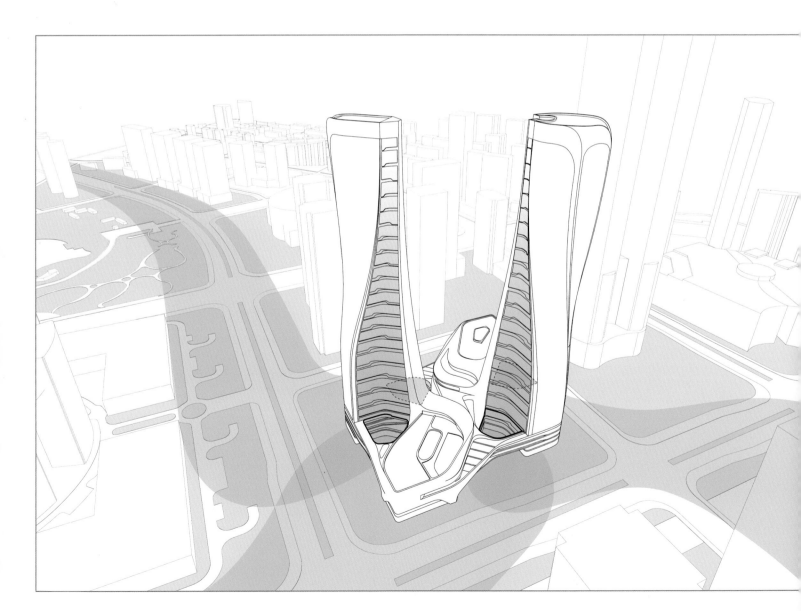

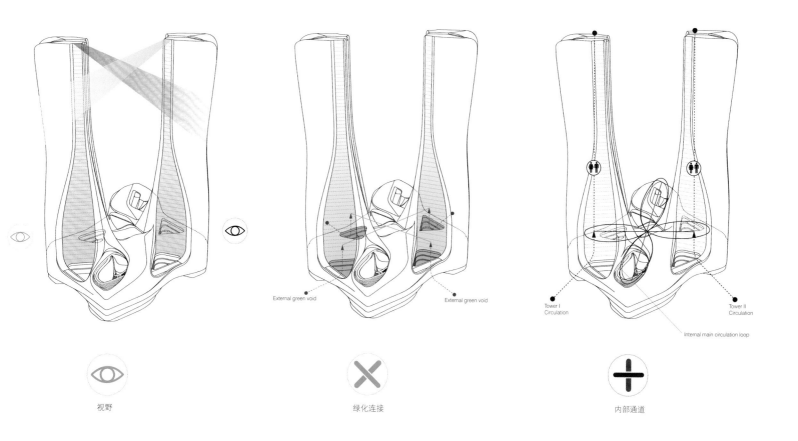

视野

绿化连接

内部通道

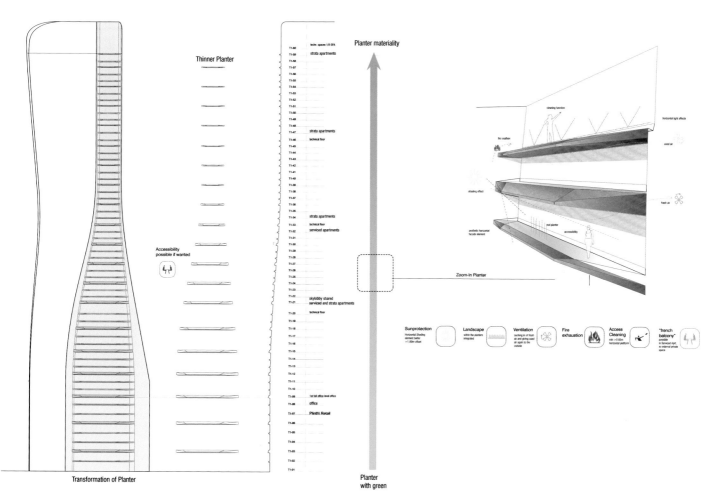

Thinner Planter

Accessibility
possible if wanted

Transformation of Planter

Planter materiality

T1-40	techn. spaces 1/8 GFA
T1-59	strata apartments
T1-57	
T1-56	
T1-55	
T1-54	
T1-53	
T1-52	
T1-51	
T1-50	
T1-49	
T1-48	
T1-47	strata apartments
T1-46	technical floor
T1-45	
T1-44	
T1-43	
T1-42	
T1-41	
T1-40	
T1-39	
T1-38	
T1-37	
T1-36	
T1-35	
T1-34	strata apartments
T1-33	technical floor
T1-32	serviced apartments
T1-31	
T1-30	
T1-29	
T1-28	
T1-27	
T1-26	
T1-25	
T1-24	
T1-23	
T1-22	skylobby shared
T1-21	serviced and strata apartments
T1-20	technical floor
T1-19	
T1-18	
T1-17	
T1-16	
T1-15	
T1-14	
T1-13	
T1-12	
T1-11	
T1-10	
T1-09	1st full office level office
T1-08	office
T1-07	Plinth\ Retail
T1-06	
T1-05	
T1-04	
T1-03	
T1-02	
T1-01	

Zoom-in Planter

Planter
with green

Sunprotection	Landscape	Ventilation	Fire exhaustion	Access Cleaning	"french balcony"
Horizontal Shading element below >1.00m offset	within the planters integrated	sucking in of fresh air and giving used air again to the outside		min >3.60m horizontal platform	possible in Serviced Apt. as external private space

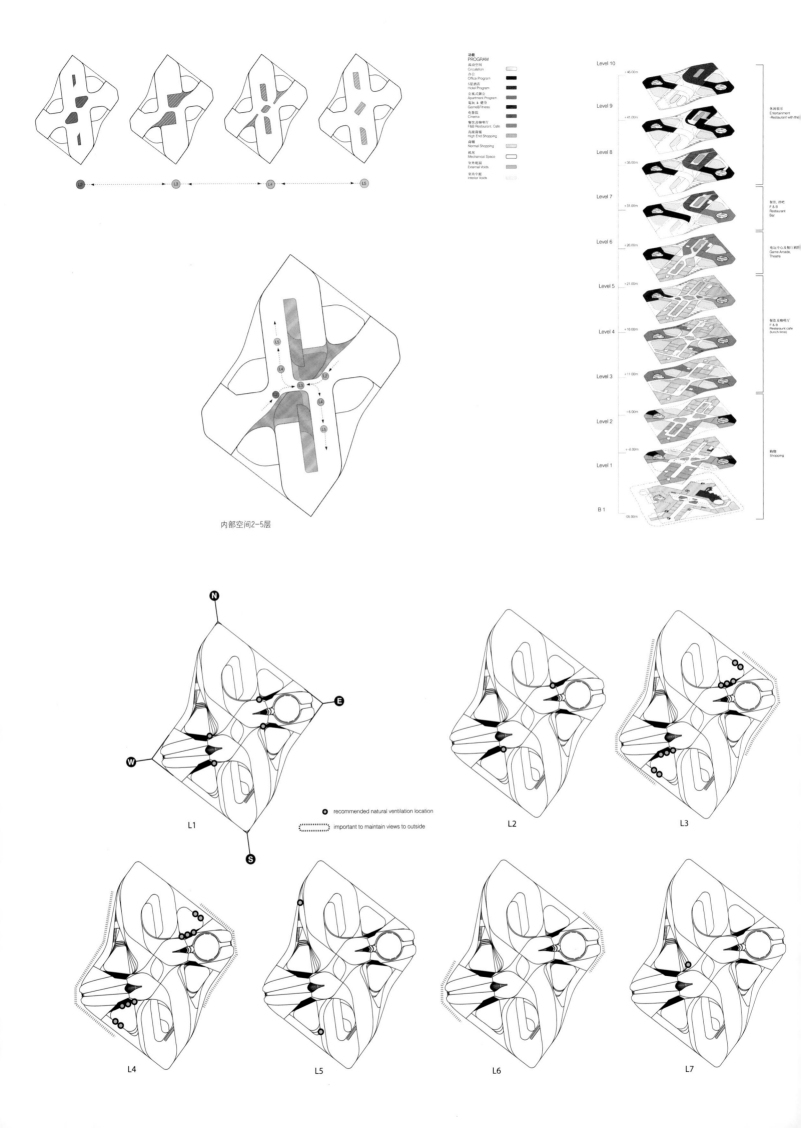

功能
PROGRAM
流动空间
Circulation
办公
Office Program
5星酒店
Hotel Program
公寓式酒店办公
Apartment Program
电玩 & 健身
Game&Fitness
电影院
Cinema
餐饮及咖啡厅
F&B Restaurant, Cafe
高端商铺
High End Shopping
商铺
Normal Shopping
机房
Mechanical Space
室外庭园
External Voids
室内中庭
Interior Voids

Level 10   +46.00m
Level 9   +41.00m
Level 8   +36.00m
Level 7   +31.00m
Level 6   +26.00m
Level 5   +21.00m
Level 4   +16.00m
Level 3   +11.00m
Level 2   +6.00m
Level 1   +-0.00m
B 1   -05.00m

休闲娱乐
Entertainment
-Restaurant with the)

餐饮, 酒吧
F & B
Restaurant
Bar

电玩中心及餐厅剧院
Game Arcade,
Theatre

餐饮及咖啡厅
F & B
Restaurant cafe
(lunch time)

购物
Shopping

内部空间2-5层

● recommended natural ventilation location

┈┈ important to maintain views to outside

L1

L2

L3

L4

L5

L6

L7

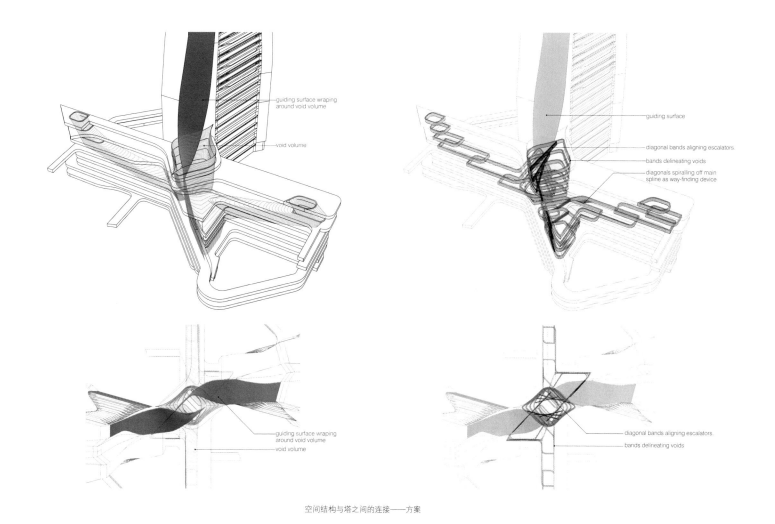

guiding surface wraping
around void volume

void volume

guiding surface

diagonal bands aligning escalators.

bands delineating voids

diagonals spiralling off main
spline as way-finding device

guiding surface wraping
around void volume

void volume

diagonal bands aligning escalators.

bands delineating voids

空间结构与塔之间的连接——方案

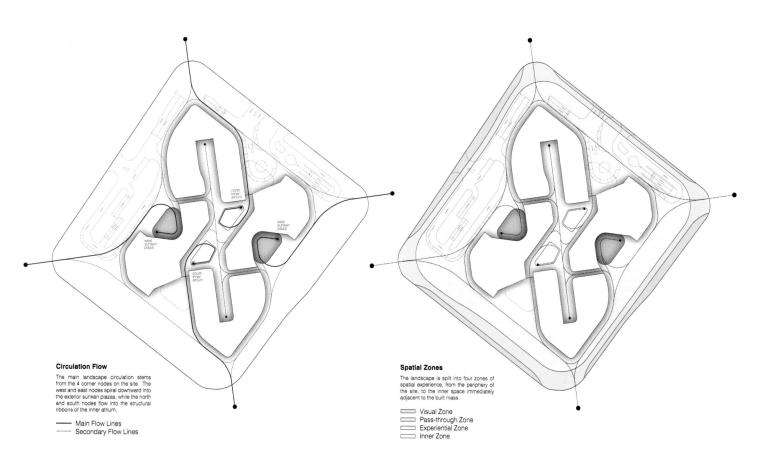

Circulation Flow

The main landscape circulation stems
from the 4 corner nodes on the site. The
west and east nodes spiral downward into
the exterior sunken plazas, while the north
and south nodes flow into the structural
ribbons of the inner atrium.

—— Main Flow Lines
········ Secondary Flow Lines

north
inner
atrium

east
sunken
plaza

west
sunken
plaza

south
inner
atrium

Spatial Zones

The landscape is split into four zones of
spatial experience, from the periphery of
the site, to the inner space immediately
adjacent to the built mass.

Visual Zone
Pass-through Zone
Experiential Zone
Inner Zone

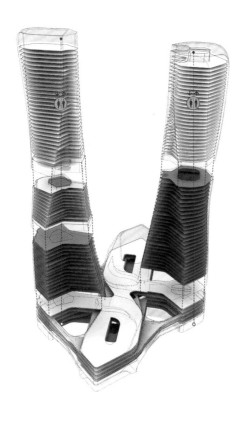

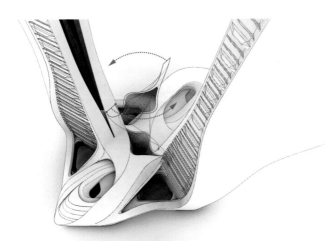

方案1——屋顶-塔连接

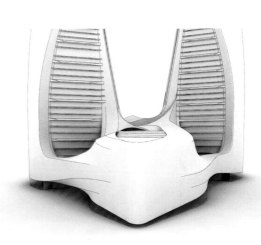

方案1——塔尾部正面图

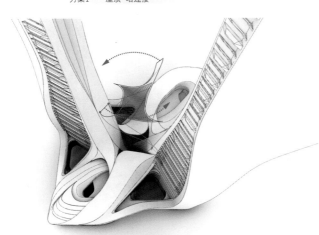

方案2——屋顶-塔连接

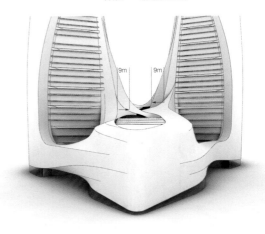

方案2——塔尾部正面图_与方案1比较的悬臂结构扩建

阿纳姆中央中转站

◎设计公司：UNStudio
◎项目地点：荷兰阿纳姆

◎竣工时间：2014年
◎总楼面面积：6 000 平方米

中转大厅是阿纳姆中央中转站总体规划项目的核心区域，连接整个项目中的不同功能和楼层。此建筑下方是车站设施、候车室、电公交车和公交车站、商业区和会议中心，中转大厅将这些交通运输系统、城市中心、商业区、停车场和商务广场有机地连接在一起。

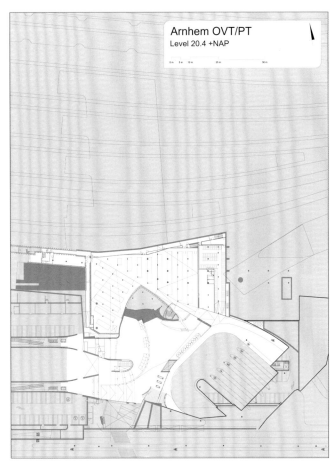

Arnhem OVT/PT
Level 20.4 +NAP

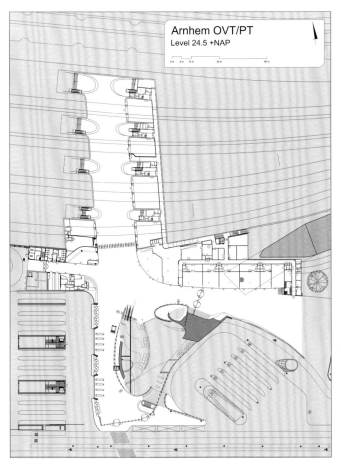

Arnhem OVT/PT
Level 24.5 +NAP

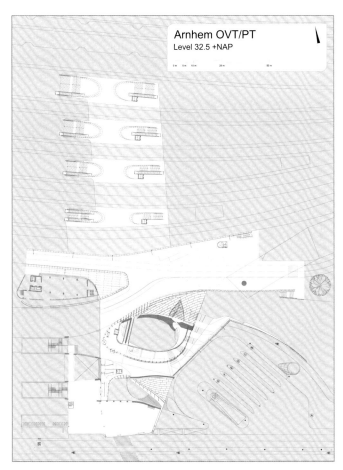

Arnhem OVT/PT

Level 32.5 +NAP

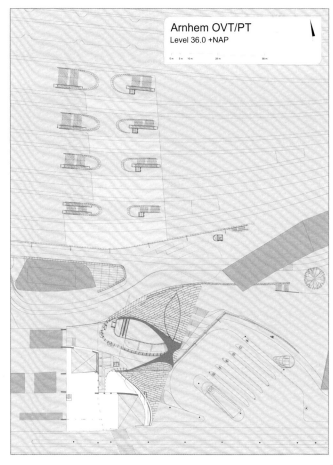

Arnhem OVT/PT

Level 36.0 +NAP

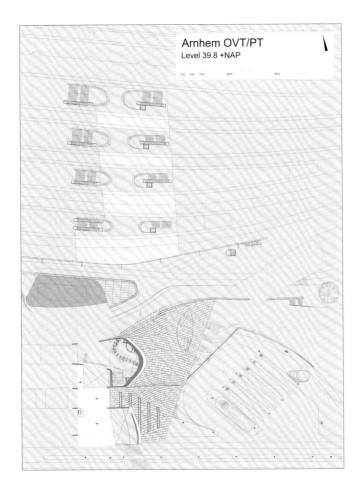

Arnhem OVT/PT
Level 39.8 +NAP

0 m   5 m   10 m   25 m   50 m

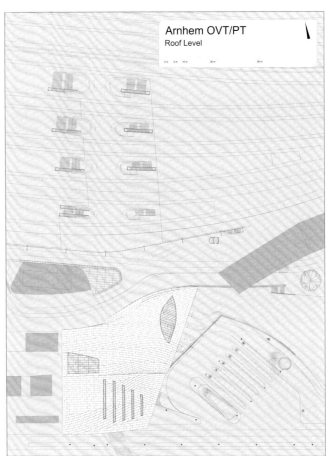

Arnhem OVT/PT
Roof Level

0 m   5 m   10 m   25 m   50 m

"建设者" 大卫王国际机场

◎ 设计公司：UNStudio
◎ 项目地点：格鲁吉亚库塔伊西
◎ 占地面积：11 000 平方米

◎ 竣工时间：2012年
◎ 建筑面积：航站楼4 200平方米、管制塔台和办公楼1 750 平方米

库塔伊西市"建设者"大卫王国际机场将供国际外交官、国家政客和旅游者的国内和国际航班使用。

UNStudio为这个新机场提供的设计方案将格鲁吉亚的历史景观和城市建筑完美融合到一起。在格鲁吉亚，公共建筑和私人住宅通常将入口大厅用来展示各自的独特身份。UNStudio在新机场的设计中采用同样的设计理念，以展示格鲁吉亚年轻而充满活力的民主主义风格和快速发展，并将其作为该地区的一个主要交汇点。格鲁吉亚位于一个拥有丰富文化历史的交叉地带，这里曾经拥有众多穿越高加索山脉和来自黑海的游客。

航站楼的建筑面积为4 200平方米，包括一个中央到达大厅，一个设有休息室、咖啡厅和租车设施的检票区，三扇设有零售商店、咖啡厅、VIP休息区和户外花园的出发大门，一个设有海关和边检办公室的到达区以及一个设有办公室和记者招待会设施的行政区域。

航站楼的造型类似一座亭阁或一扇大门，清晰的结构布局创造出一个全包围的封闭体块，围绕一个用于乘客出发的中央户外空间而建。中央户外区域四周透明空间的设计确保客流的通畅以及到达和离开的客流不会相互冲突。这些空间将广场、停机坪和高加索山脉在视觉上联系到一起。设计方案将物流过程有机地组织在一起，提供最佳安全性的同时也确保了乘客拥有宽敞舒适的通道空间。除了作为通往格鲁吉亚的大厅，此航站楼还将作为一个艺术画廊展示格鲁吉亚艺术家的作品，从而展现格鲁吉亚当代文化。

300平方米的空中交通管制塔台的高度为55米，是航站楼的配套设施。位于顶层的交通管制室是塔台的核心部分，室内宽敞舒适，确保员工具有最佳的工作空间。塔台附近的一个建筑能够提供1 500平方米的配套办公空间。塔台的外墙包裹了一层透明皮肤，能够随交通流量的波动改变颜色。空中交通管制塔台将作为此国际机场上空的一个灯塔，同时也为来往格鲁吉亚新城市库塔伊西市的人们提供了明确的方向标。

新机场的设计理念是整合当地与国际可持续发展元素。场地内的地下天然水源为减少混凝土芯活化工艺能耗提供了基础。航站楼和空中交通管制塔台也将利用此地下水源调节各楼层的温度。航站楼悬臂式屋顶为南部和西南部区域提供了遮阳效果。一种混合低压通风系统将整合到航站楼的主体结构当中，并且将在航站楼的地下楼层采用灰水回收系统。此外，为了进一步降低建筑能耗，有可能在建筑屋顶采用大面积光伏太阳能电池板。库塔伊西机场将成为格鲁吉亚首个采取严格垃圾分类的机场，此目的是为了建立一个能够用于格鲁吉亚其他新项目和在建项目的循环利用系统。

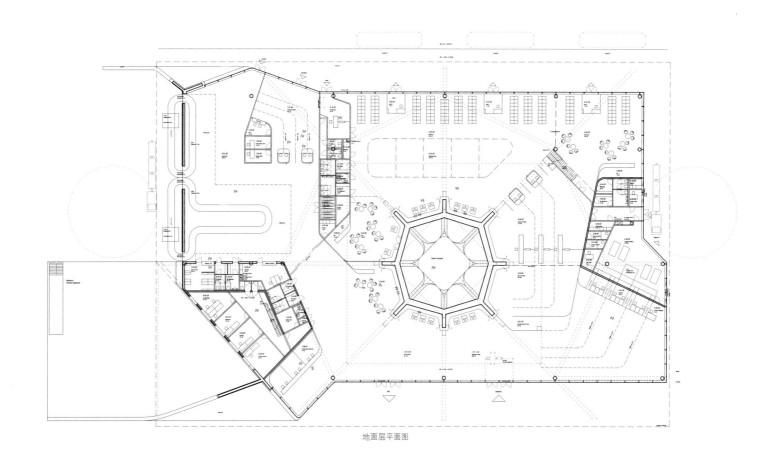

地面层平面图

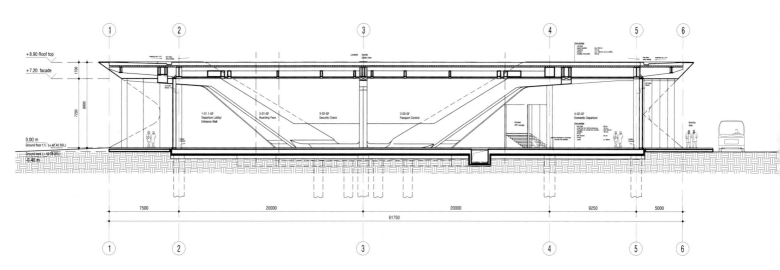

剖面图1

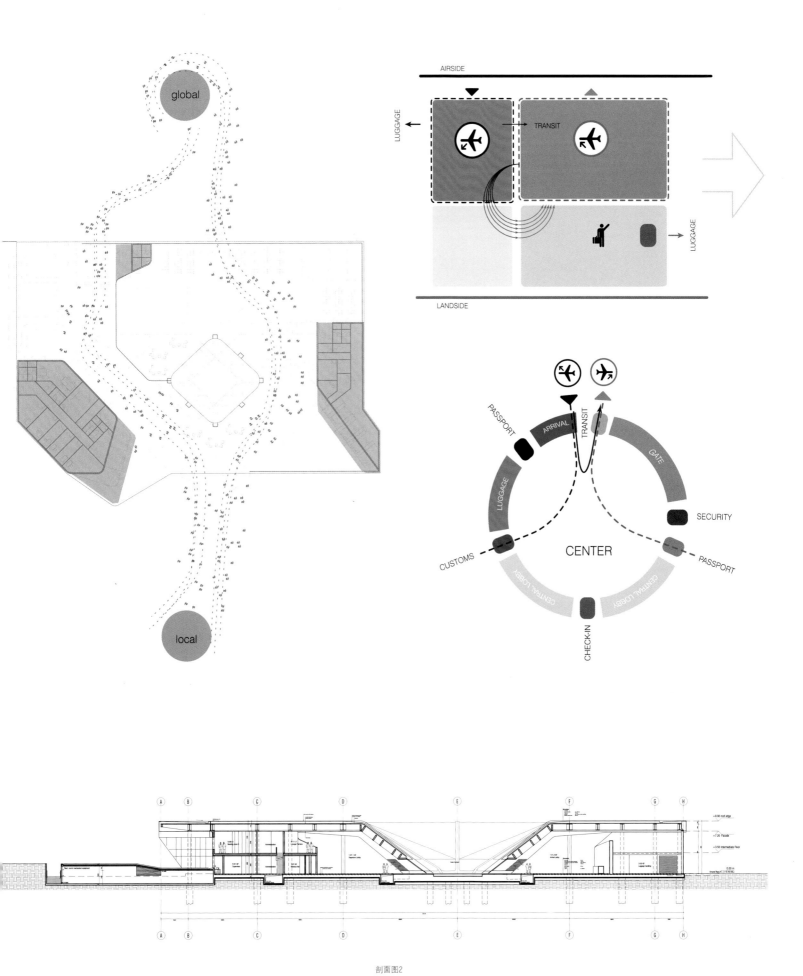

global

local

AIRSIDE

LUGGAGE ←

TRANSIT →

TRANSIT

LUGGAGE →

LANDSIDE

PASSPORT

ARRIVAL

TRANSIT

GATE

LUGGAGE

SECURITY

CUSTOMS

CENTER

PASSPORT

CENTRAL LOBBY

CENTRAL LOBBY

CHECK-IN

剖面图2

新加坡科技设计大学

◎设计公司：UNStudio
◎项目地点：新加坡
◎占地面积：76 846 平方米

◎竣工时间：2014年
◎建筑面积：213 000 平方米

UNStudio从众多候选设计公司中脱颖而出，与DP建筑师事务所合作对新加坡科技设计大学的校园进行设计。

新加坡科技设计大学

新加坡科技设计大学占地76 846平方米，临近新加坡主要机场——樟宜机场和樟宜商务公园，建成后将成为新加坡第四所公立大学。

新加坡科技设计大学将设四大院系，其中包括建筑与可持续设计（ASD）、工程产品开发（EPD）、工程系统与设计（ESD）以及信息系统技术与设计（ISTD）等，将成为技术创新和经济增长的推动力，而且新校园将成为先进知识和技术的催化剂和传播地，将人才、思想与创新理念集中到一起。

教与学

UNStudio的新校园设计方案直接反映了新加坡科技设计大学的课程设置，利用学校的创造性规划方案打造一个跨学科平台，并且在专业领域、校园和社区范围内建立一种交流机制。校园设计通过在学生、教师、专业和交流空间之间的非线性连接关系来促进创新精神和创造能力的发展。

设计师本·凡·伯克尔介绍说："新加坡科技设计大学的主要设计理念是以开放和透明的方式打造一个展示教与学的文化校园。教授、教师和学生在校园中能够欣赏到沿水平、垂直以及对角线方向布置的景观网络，通过相互交织在一起的交通网彼此相遇，并且有机会继续进行交流。"

可持续性学习环境——未来设计由充满活力、透明度和相互联系的环境组成。

新加坡科技设计大学的新校园将促进所设四个院系之间的跨学科交流。校园的朝向和布局主要通过宿舍区和教学区两条主轴来设计，这两个区域相互交叠，形成一个凸起的中心区域，将大学内的所有角落相互连接在一起。这些通道成功实现了一个各区域之间拥有24小时无缝连接的校园环境，通过便捷的交通和透明度进一步提高了人们之间的交流。此外，大学内还设计了一个开放式学习交流空间，将教授、毕业生、学生和教师集中到一起进行学术和社会经验等方面的相互交流。

该设计方案旨在为新加坡打造一个符合最高绿色建筑标志标准（白金级）的建筑项目。设计中初步考虑的因素包括建筑朝向和进深与光照和通风效果之间的关系，从而在所有建筑中实现最佳的自然通风和光照。

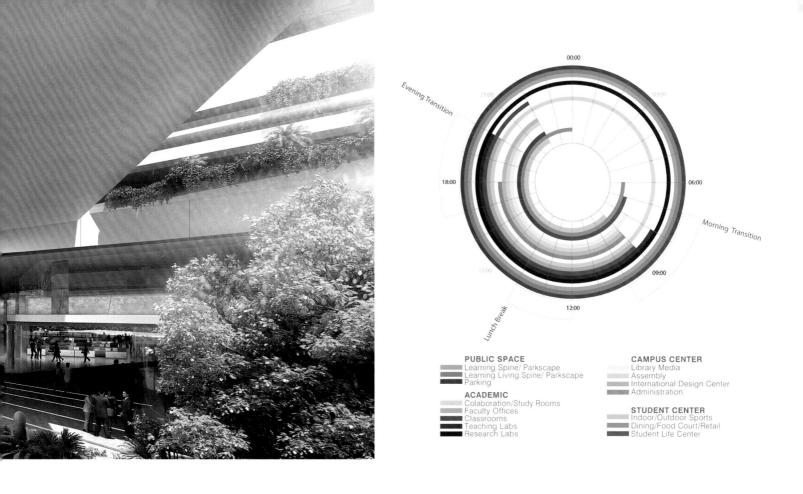

PUBLIC SPACE
Learning Spine/ Parkscape
Learning Living Spine/ Parkscape
Parking

ACADEMIC
Colaboration/Study Rooms
Faculty Offices
Classrooms
Teaching Labs
Research Labs

CAMPUS CENTER
Library Media
Assembly
International Design Center
Administration

STUDENT CENTER
Indoor/Outdoor Sports
Dining/Food Court/Retail
Student Life Center

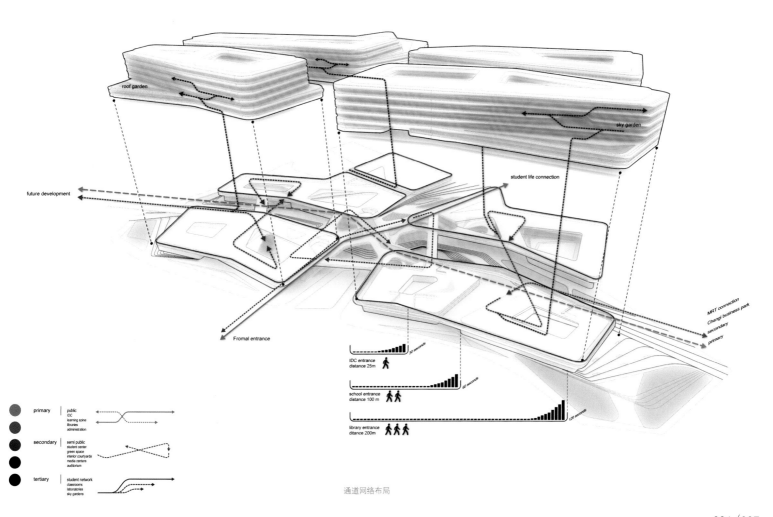

通道网络布局

primary | public
IDC
learning spine
libraries
administration

secondary | semi public
student center
green space
interior courtyards
media centers
auditorium

tertiary | student network
classrooms
laboratories
sky gardens

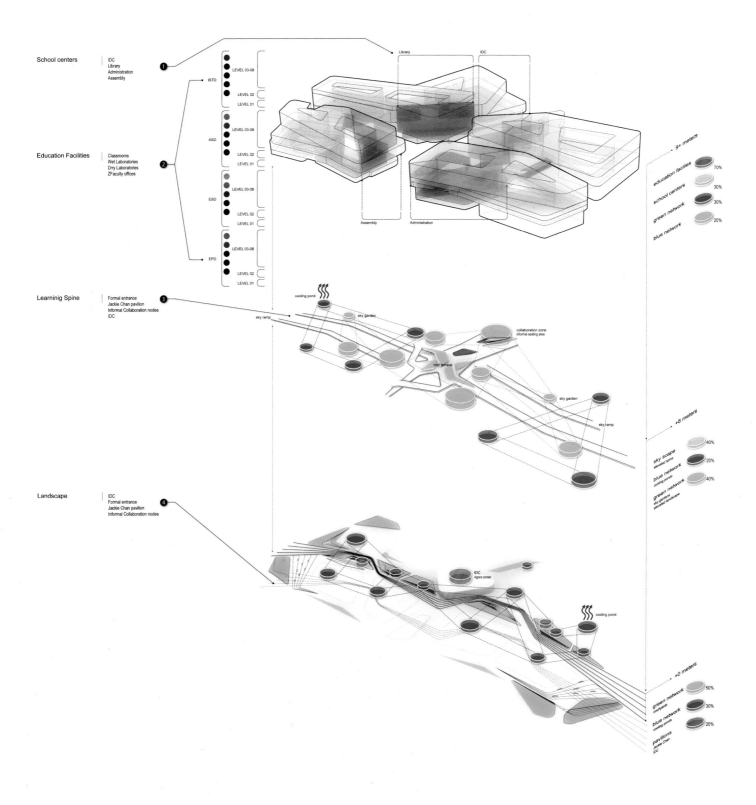

School centers | IDC
Library
Administration
Assembly

ISTD
LEVEL 03-08
LEVEL 02
LEVEL 01

Education Facilities | Classrooms
Wet Laboratories
Drry Laboratories
ZFaculty offices

ASD
LEVEL 03-08
LEVEL 02
LEVEL 01

ESD
LEVEL 03-08
LEVEL 02
LEVEL 01

EPD
LEVEL 03-08
LEVEL 02
LEVEL 01

Library   IDC

Assembly   Administration

9+ meters
education facilities 70%
school centers 30%
green network 30%
blue network 20%

Learninig Spine | Formal entrance
Jackie Chan pavilion
Informal Collaboration nodes
IDC

cooling pond
sky ramp
sky garden
collaboration zone
informal seating area
roof terrace
sky garden
sky ramp

+8 meters
sky scape 40%
elevated spine
blue network 20%
cooling ponds
green network 40%
sky gardens
elevated landscape

Landscape | IDC
Formal entrance
Jackie Chan pavilion
Informal Collaboration nodes

IDC
Agora center
cooling pond

+0 meters
green network 50%
courtyards
blue network 30%
cooling ponds
pavilions 20%
Jackie Chan
IDC

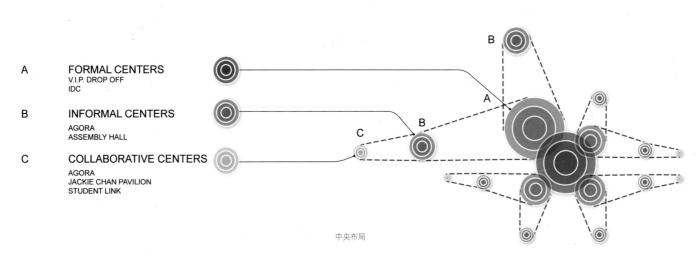

A   **FORMAL CENTERS**
V.I.P. DROP OFF
IDC

B   **INFORMAL CENTERS**
AGORA
ASSEMBLY HALL

C   **COLLABORATIVE CENTERS**
AGORA
JACKIE CHAN PAVILION
STUDENT LINK

中央布局

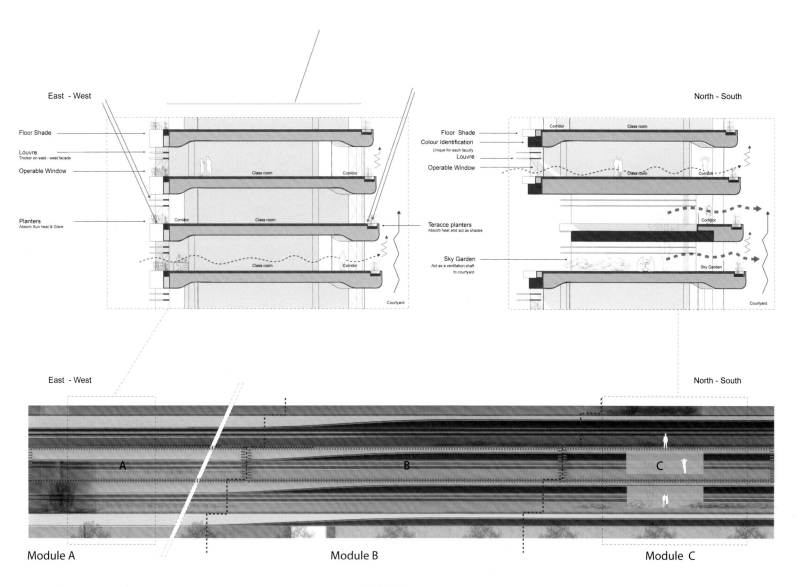

East - West

Floor Shade

Louvre
Thicker on east - west facade

Operable Window

Planters
Absorb Sun heat & Glare

Corridor

Class room

Class room

Class room

Corridor

Courtyard

North - South

Floor Shade

Colour Identification
Unique for each faculty

Louvre

Operable Window

Corridor

Class room

Teracce planters
Absorb heat and act as shades

Sky Garden
Act as a ventilation shaft
to courtyard

Corridor

Sky Garden

Courtyard

East - West

North - South

A

B

C

Module A

Module B

Module C

立面模块与材料

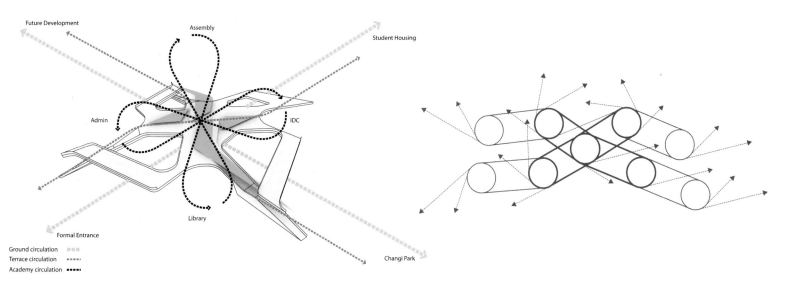

Future Development

Assembly

Student Housing

Admin

IDC

Library

Formal Entrance

Changi Park

Ground circulation
Terrace circulation
Academy circulation

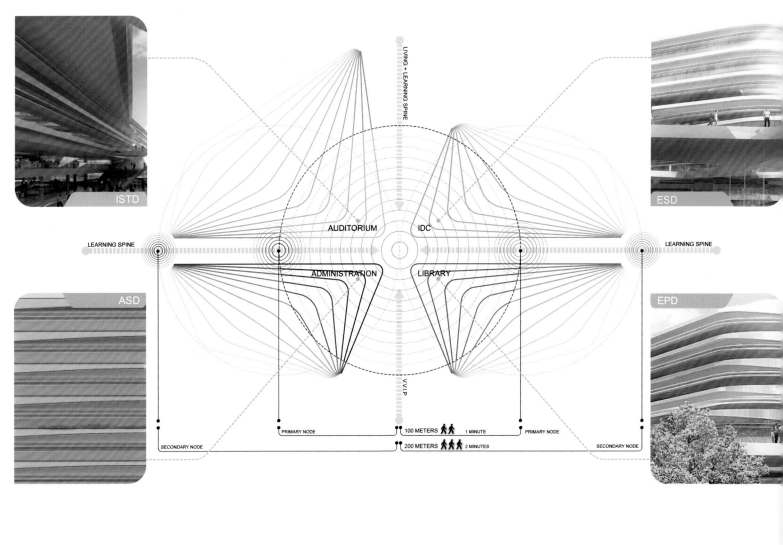

ISTD

ESD

ASD

EPD

AUDITORIUM IDC

LIVING + LEARNING SPINE

LEARNING SPINE

LEARNING SPINE

ADMINISTRATION LIBRARY

V.V.I.P

PRIMARY NODE 100 METERS 1 MINUTE PRIMARY NODE

SECONDARY NODE 200 METERS 2 MINUTES SECONDARY NODE

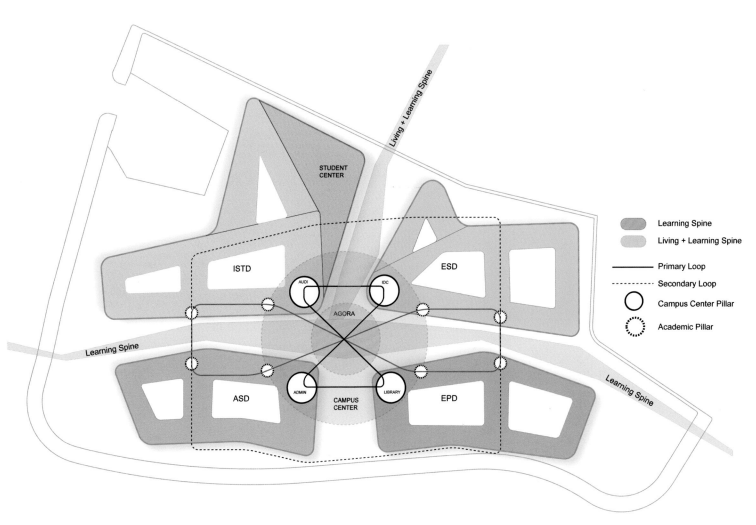

Living + Learning Spine

STUDENT
CENTER

ISTD

ESD

AUDI IDC

AGORA

Learning Spine

Learning Spine

ADMIN LIBRARY

ASD

CAMPUS
CENTER

EPD

Learning Spine

Living + Learning Spine

Primary Loop

Secondary Loop

Campus Center Pillar

Academic Pillar

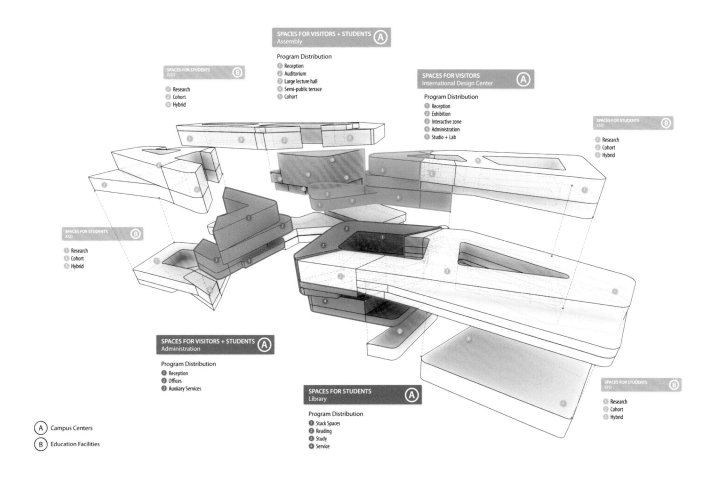

Ponte Parodi海港

◎ 设计公司：UNStudio
◎ 项目地点：意大利热那亚
◎ 占地面积：36 000 平方米

◎ 竣工时间：2014年
◎ 建筑面积：76 000 平方米

　　Ponte Parodi海港开发项目是意大利西北部城市热那亚为重新激活港口区域所开展的规划中的一部分。经过对工业区域进行重新布局，该城市正在通过增加对公众具有吸引力的事物和创造新的目的地重新开发被荒废的滨水区域，从而将城市中心向滨水区域延伸。

　　Ponte Parodi港前区域的设计竞赛主要遵循三项设计原则，即空间连接、功能开发和建筑集群，以明确的目标满足场地条件和周边环境的要求以及热那亚居民的需求。上述三项设计原则对应以下指导该项目设计的三个价值理念，即社会功能、质量品质和发明创新。

空间连接

　　Ponte Parodi海港位于Porto Antico商业港口和历史中心区域之间一个重要的位置，拥有巨大的公共空间（总面积达132 200平方米），为该城市不同的人群创造了会面地点，如热那亚的居民和来自附近大学的学生们以及巡航旅行者和参观旅游者等。该项目包括一个三层建筑，与当地城市和经济结构融合到一起，同时为居民和公共参观者创造了极具吸引力的地方。

　　该设计为热那亚创造了一个公共区域，进一步与更大范围内的城市空间形态、地区形态以及该海港最近的物质、经济和政治发展相互融合。

功能开发

　　Ponte Parodi海港建筑20米高，总楼面面积76 000平方米，包括零售商店、咖啡厅、餐厅、健身中心、游船码头、文化设施以及一个带有圆形广场和植物特征的屋顶公共公园（18 900平方米）。该建筑的设计目的是为周边环境增添更多的吸引力。一方面Ponte Parodi海港建筑可以借助现有海港区域已经吸引的公众，同时以一种能够使现有项目受益的方式扩大访问该区域的人群数量。

建筑集群

　　该项目采用多种不同的通道设计，如内部走廊、露天走廊、海边散步道和城市公园等，对该项目的布局以及建筑内和屋顶的人流进行组织和优化。建筑巨大的外观造型展现出一种欢迎的姿态，尝试对各种空间和服务功能进行探索，建筑结构在码头的两端与地面相连，使人们能够直接进入屋顶公园和休闲区域。

重建项目

　　Ponte Parodi海港项目的设计主要突出了UNStudio采用的重建方法，该方法主要关注重建项目的多功能性或混合功能规划等方面。与将城市区域分割成不同的地理区域形成鲜明对比，该项目将特定场地内所包含的多种空间形式相互融合为一体，实现多功能布局，创造性地以一种新方式将多种功能设施统一成一个整体，从而打造丰富和充满活力的城市区域。一项充满动态和灵活性的重建项目必将具有更好的可持续性。这更加适用于城市更大范围的基础设施建设，同时可以使海滨空间与当地社区空间相互连接。

   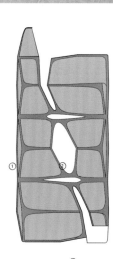 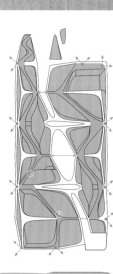

通道景观

道路景观

Ponte Parodi
come asse organizzativo
tra il porto turistico
e il waterfront urbano

Ponte Parodi
as organizational axis
between touristic harbour
and urban waterfront

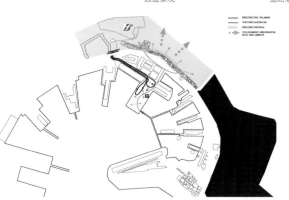

Schema
delle connessioni
e degli accessi
come catalizzatori
della rigenerazione urbana

Scheme
of the links and access
as catalyst of urban regeneration

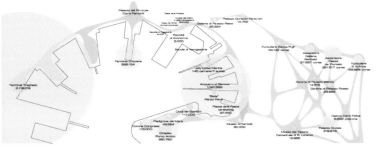

Fase 1: Situazione esistente

Phase 1: Existing situation

SITUAZIONE DI SEPARAZIONE E DISEQUILIBRIO

SITUATION OF SEPARATION AND DISEQUILIBRIUM

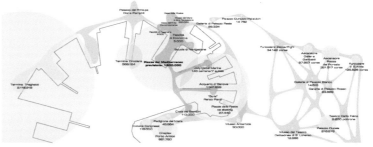

Fase 2: Inserimento di Piazza del Mediterraneo

Phase 2: Insertion of Piazza del Mediterraneo

Creazione di un Network Connettivo tra le attrazioni intorno a Ponte Parodi = EFFETTO SPUGNA

Creation of Network connectivity around Ponte Parodi = SPONGE EFFECT

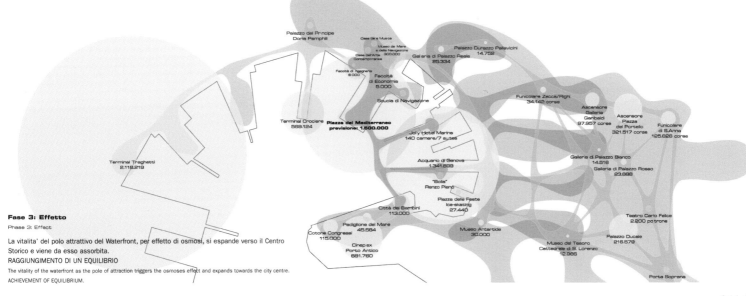

Fase 3: Effetto

Phase 3: Effect

La vitalita' del polo attrattivo del Waterfront, per effetto di osmosi, si espande verso il Centro
Storico e viene da esso assorbita.

RAGGIUNGIMENTO DI UN EQUILIBRIO

The vitality of the waterfront as the pole of attraction triggers the osmoses effect and expands towards the city centre.

ACHIEVEMENT OF EQUILIBRIUM.

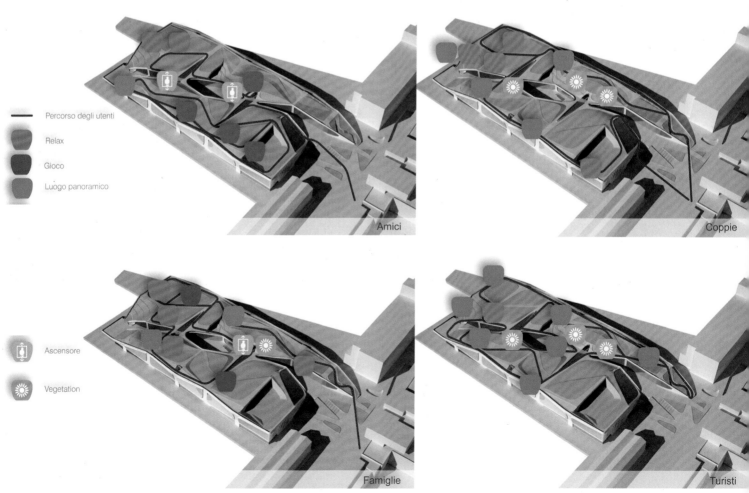

Percorso degli utenti

Relax

Gioco

Luogo panoramico

Ascensore

Vegetation

Amici

Coppie

Famiglie

Turisti

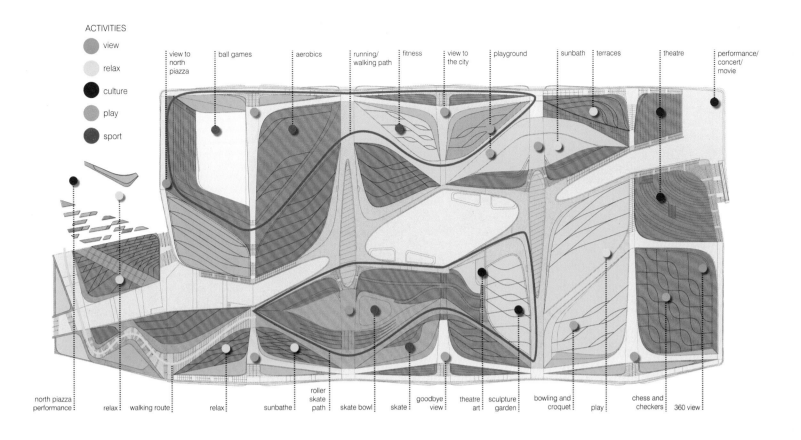

ACTIVITIES

- view
- relax
- culture
- play
- sport

view to north piazza · ball games · aerobics · running/walking path · fitness · view to the city · playground · sunbath · terraces · theatre · performance/concert/movie

north piazza performance · relax · walking route · relax · sunbathe · roller skate path · skate bowl · skate · goodbye view · theatre art · sculpture garden · bowling and croquet · play · chess and checkers · 360 view

mahonia · senecio maritima · koeleria glauca · erica · viburnum

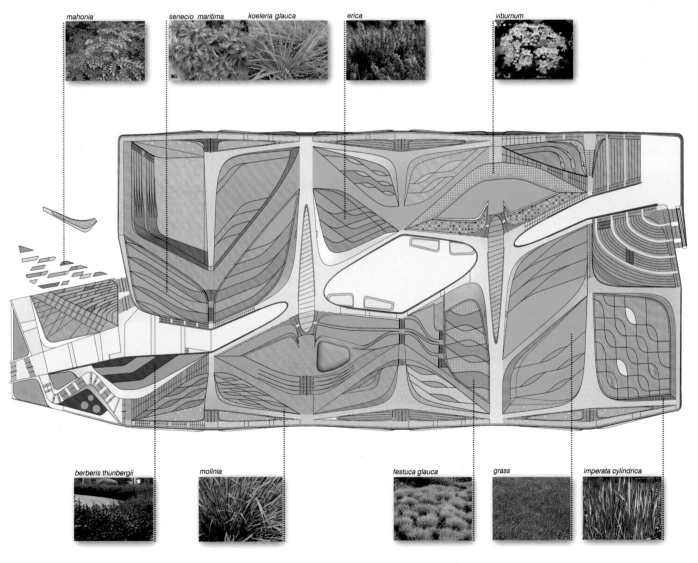

berberis thunbergii · molinia · festuca glauca · grass · imperata cylindrica

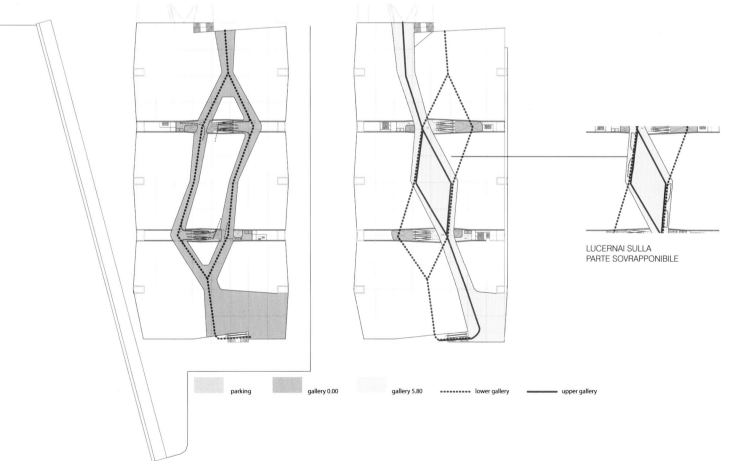

LUCERNAI SULLA
PARTE SOVRAPPONIBILE

| | parking | | gallery 0.00 | | gallery 5.80 | ·········· lower gallery | —— upper gallery |

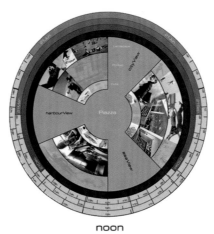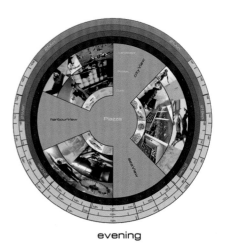

morning   noon   evening

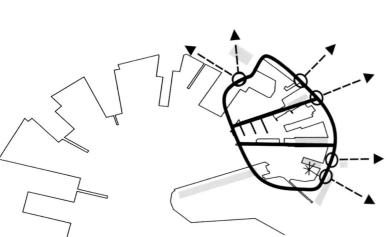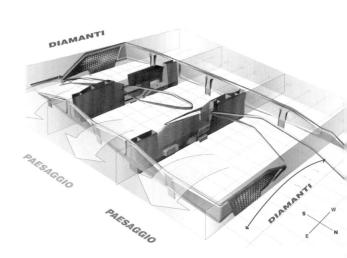

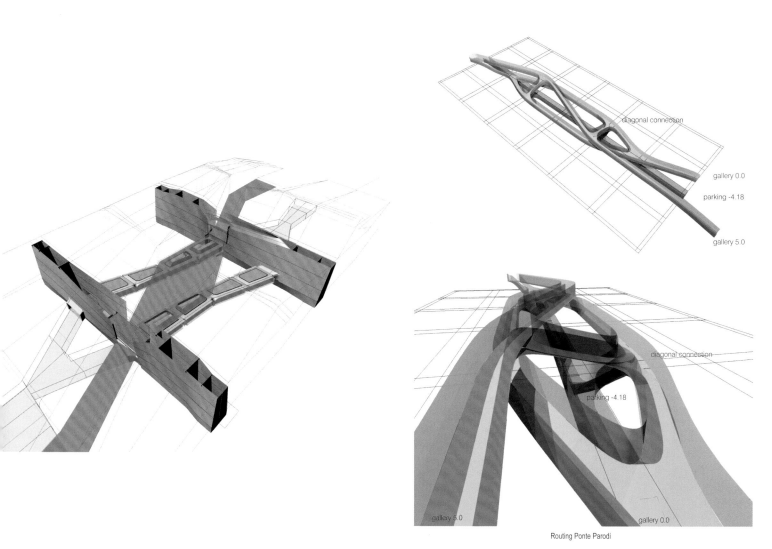

diagonal connection

gallery 0.0

parking -4.18

gallery 5.0

diagonal connection

parking -4.18

gallery 5.0

gallery 0.0

Routing Ponte Parodi

舞蹈宫

◎ 设计公司：UNStudio
◎ 项目地点：俄罗斯圣彼得堡

◎ 竣工时间：2014年
◎ 建筑面积：24 000 平方米

舞蹈宫项目是圣彼得堡历史中心区域新城市广场总体规划项目的一个重要组成部分。

据设计师本·凡·伯克尔介绍："项目周边的城市环境对该设计具有重要作用。舞蹈宫项目以独特的姿态矗立在广场之上，使其能够欣赏附近弗拉基米尔王子酒店和彼得保罗大教堂的壮丽景观，是圣彼得堡最独特的建筑项目之一。该项目雕塑般的外观造型与周围总体规划中的建筑相呼应，与周围环境相互联系的同时，仍然保留着独特性。立面设计中包括一个中央主入口，从而将建筑与充满活力的公共广场完全连接到一起。"

UNStudio为舞蹈宫项目制定的设计方案为大家呈现了一个能够容纳1 300人的开放式剧场（大礼堂1 000人、小礼堂300人）。功能布局主要集中在大厅内宽敞的走廊以及与周围公共广场和城市空间的视觉联系。建筑正面采用圣彼得堡典型的28米高屋顶设计，而建筑立面采用三角形面板形成多变的透明效果，这两种设计特点将该建筑与周边现有建筑完美融合到一起。根据功能、视图和朝向的不同，不透明面板与穿孔面板可以对建筑立面的开口设计进行有效调整。

对于大厅的设计，本·凡·伯克尔解释说："垂直大厅为室内外空间提供了高透明度，同时为剧场的来宾提供了一种既能够观看演出又能够用于表演的平台。大厅中的开放式布局和包厢结构为观众提供了具有私密性和开放性的两种不同观看空间。"

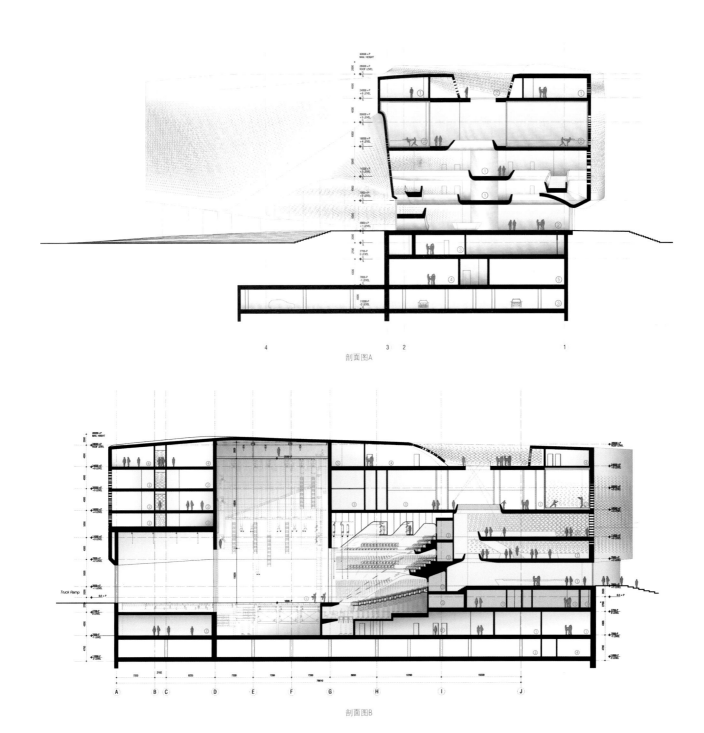

剖面图A

剖面图B

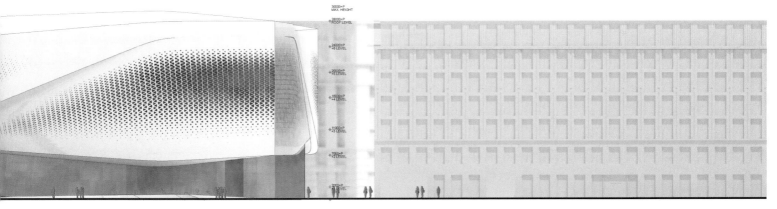

立面图

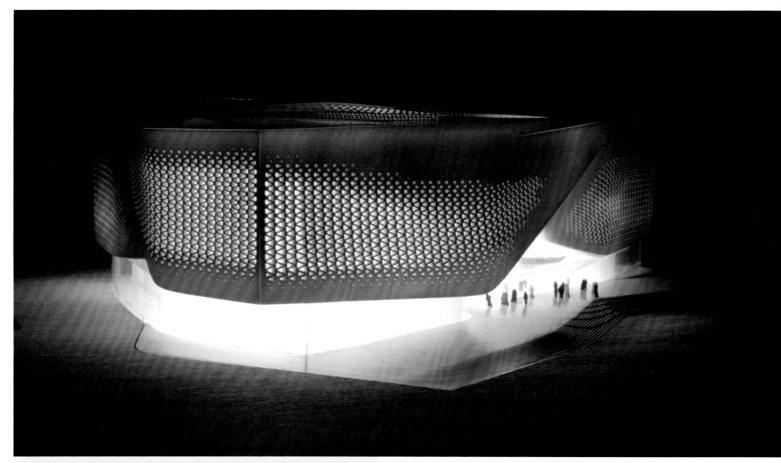

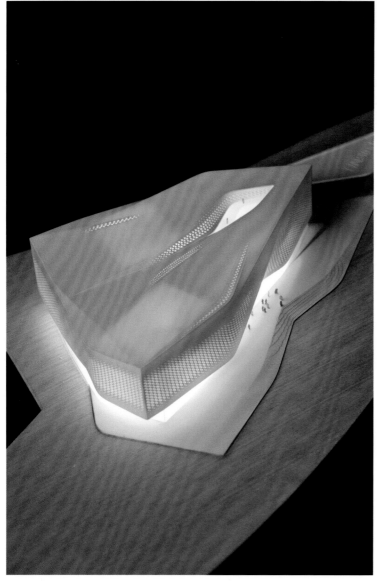

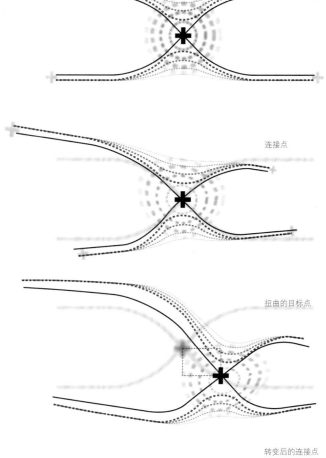

连接点

扭曲的目标点

转变后的连接点

X形柔性布局

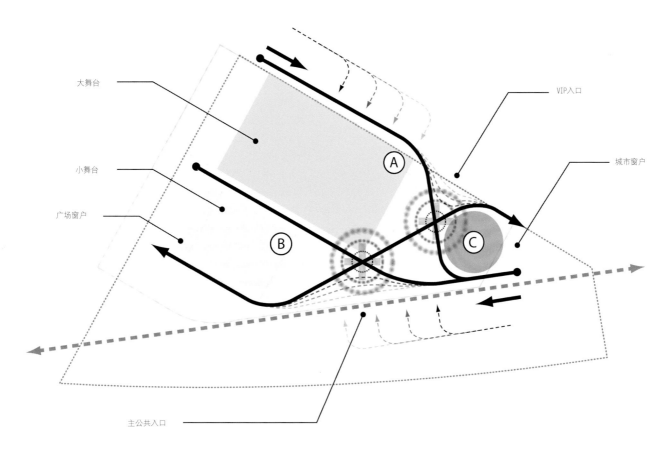

大舞台

小舞台

广场窗户

VIP入口

城市窗户

A

B

C

主公共入口

规划理念

斯派克尼瑟剧场

◎ 设计公司：UNStudio
◎ 项目地址：荷兰斯派克尼瑟
◎ 占地面积：3 600 平方米

◎ 竣工时间：2014年
◎ 建筑面积：5 800 平方米

斯派克尼瑟剧场的设计重点是其在城市空间中的位置与朝向，同时为功能需求和交通系统提供设计方案。

交通流量在建筑的组织布局中起着重要的作用。由于通往该剧场的道路是一条城市主干道，因此该剧场为往返的人们提供了一个标志性建筑，同时在整体上形成一张城市名片。

剧场的设计确保建筑与周边环境相协调，而且建筑造型和外观颜色反映了斯派克尼瑟市中心的城市环境，立面颜色沿剧场的主入口逐渐变化。建筑内部设有两个采用透明立面的中庭，使人们从室外就能够瞥见室内温暖的色调，而且能够体验到大厅内独特的墙面设计效果。大厅内的颜色搭配与空间结构相协调，充分展示了剧院的社交功能。在垂直方向上，大厅采用透明屋顶，使人们能够欣赏到夜晚天空中的美丽景色。在白天，阳光穿过立面上的穿孔面板在大厅内形成多变的光影效果，而且为外面的广场提供了优美的视觉元素。

建筑内部的功能布局强调剧场内高效的通道设计以及与周边空间的相互逻辑关系。不同建筑体块根据场地内的自然起伏进行设计与布置。台塔位于场地的最低处，以确保这些区域不会影响观众的视线。剧场入口位于场地的最高处，不但能够使各楼层尽可能保持水平状态，同时还可以方便残疾观众通过一

条短坡道进入大厅。

该项目共设两个主要剧场空间，观众可以直接从大厅和公共广场进入。为了分散这些客流，更衣室被布置在广场上方，成功创造出一个能够有效分离来自公共空间客流的区域，同时在门厅和剧场大厅之间起到良好的隔音效果。

一条雕塑式楼梯将入口与剧场大厅相互连接起来。两个表演空间向大厅的中央广场对折，使这里成为整个剧场的中心。

该项目拥有独特的水景和附近风车的壮丽景观。透明立面设计进一步提高了建筑对周围景观的视图，而水景旁边的剧场咖啡厅在剧场大厅与公共广场实现了连接。剧场咖啡厅采用阶梯式布局，成为该项目的第三个剧场空间。

建筑内不同体块采用花瓣状布局，并且以中央大厅为结构中心。此外，建筑各体块采用圆角设计，以确保不会对附近的风电场产生太大阻碍。

选材和最新科技的应用使建筑对环境的影响最小化，并且实现较低的维护成本。斯派克尼瑟剧场为周边建筑环境的可持续设计奠定了坚实的基础，将可持续性巧妙地融入到建筑当中，既保证了良好的建筑品质又实现了独特的设计效果。

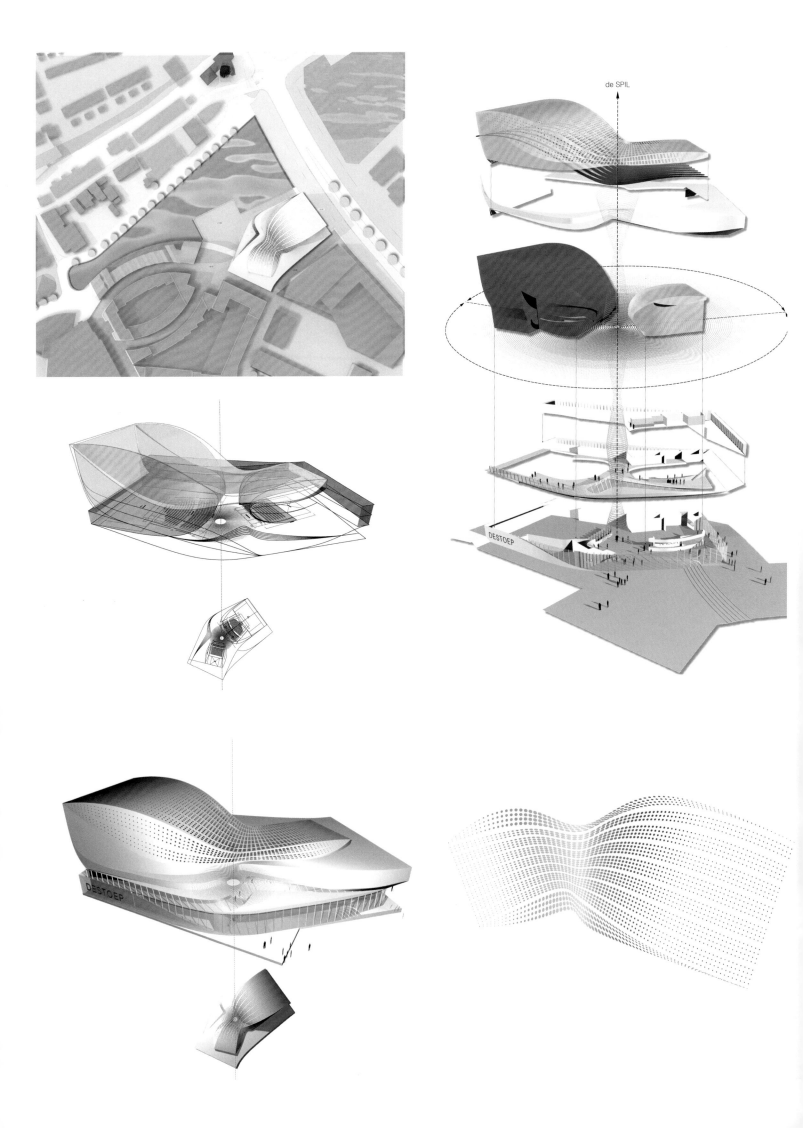

de SPIL

DESTOEP

DESTOEP

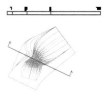

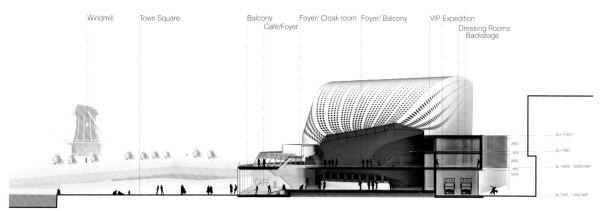

Windmill Town Square Balcony Foyer/ Cloak room Foyer/ Balcony VIP Expedition Dressing Rooms Backstage
Café/Foyer

横截面

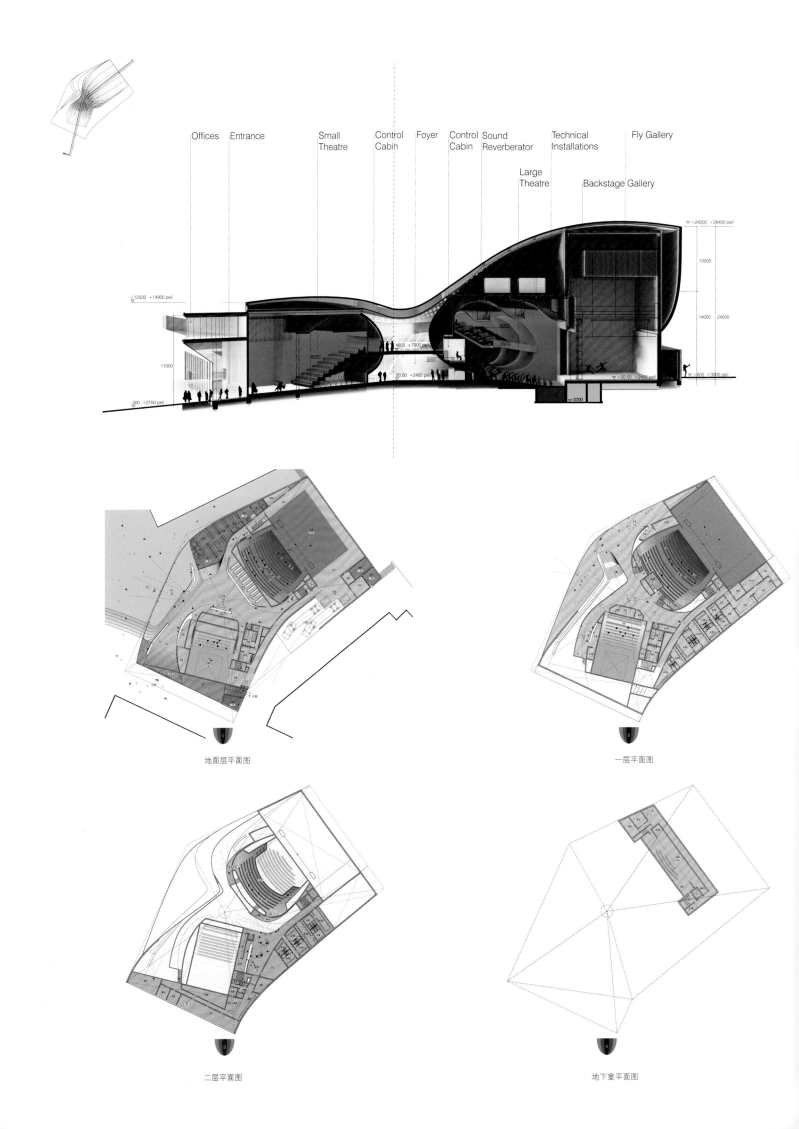

Offices　Entrance　Small Theatre　Control Cabin　Foyer　Control Cabin　Sound Reverberator　Technical Installations　Fly Gallery

Large Theatre　Backstage Gallery

地面层平面图

一层平面图

二层平面图

地下室平面图

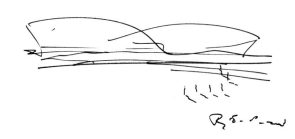

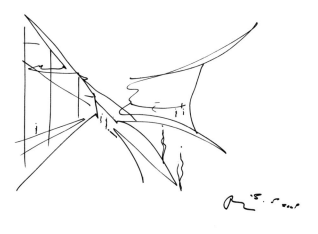

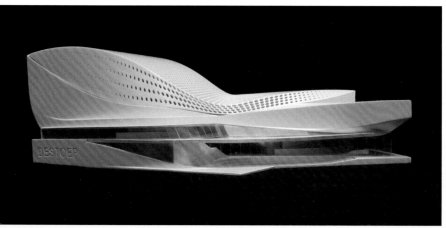

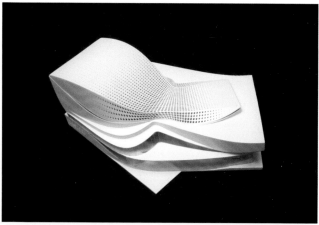

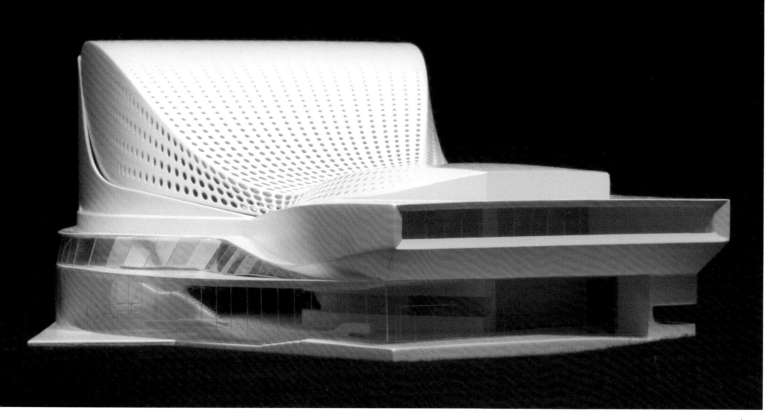

爱·公园城市

◎设计公司：UNStudio
◎项目地址：韩国水原
◎摄 影 师：迈克尔·克林克哈梅尔

◎竣工时间：一期于2011年竣工
◎占地面积：334 000 平方米

"爱·公园城市"项目占地大约33.5公顷，包括88栋公寓楼，是为独特人群设计的一个特殊空间。该项目将多个空间层次相互融合在一起并且使建筑与景观相互协调，成功打造了一个独特的区域形象。

该项目的设计灵感来自一个名叫"回家"的故事。因此，该项目的设计方案旨在通过一系列独特体验为该项目打造一个身份象征，即"一个独特的旅行之家"。这一设计理念主要表现在场地入口的布置、相互交叉的交通系统、个性化的建筑外观、独特的大厅以及公寓入口等。

整个项目利用颜色和建筑外观来划分各个区域。颜色设计方案将建筑与景观在视觉上形成一系列邻里关系，并且将整个项目用地进一步划分为六个独特区域。建筑群从北向南沿纵向布置，利用建筑立面展示了五种不同的设计风格，即城市、村庄、田野、水乡和公园等。颜色、形状与景观之间相互协调配合，成功打造出多个彼此之间具有明显区别的独特空间，为该地区提供了新的地标和方向标。

功能设施与独特住宅之间的有机结合配以连续的景观环境为人们提供了丰富的生活体验。在这里，人们可以在同一个地方获得所有居家体验，并且享受不同的生活方式。

Building 417 - 401

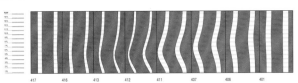

417   416   413   412   411   407   406   401

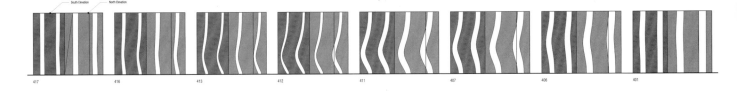

South Elevation   North Elevation

417   416   413   412   411   407   406   401

Building 204 - 222

204   205   212   213   222

South Elevation   North Elevation

204   205   212   213   222

GFRC Appplication

GFRC grid allignment & application

GFRC allignment
Scale 1:750

GFRC Edge Cladding

Application (building 205)

Serial view of the pattern projection

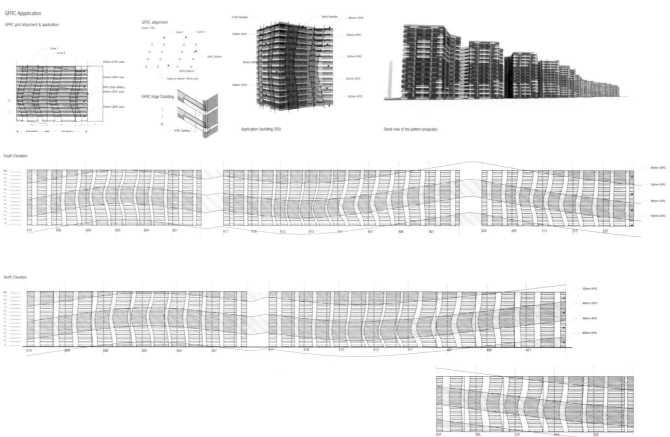

South Elevation

North Elevation

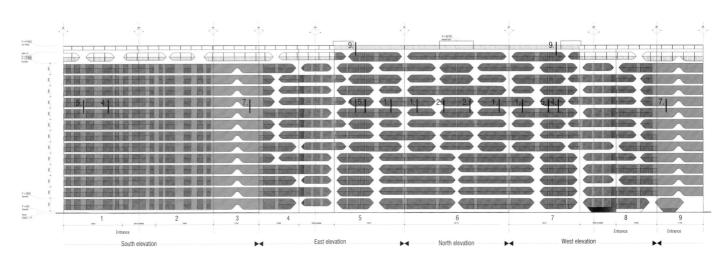

South elevation ▶◀ East elevation ▶◀ North elevation ▶◀ West elevation ▶◀

立面图

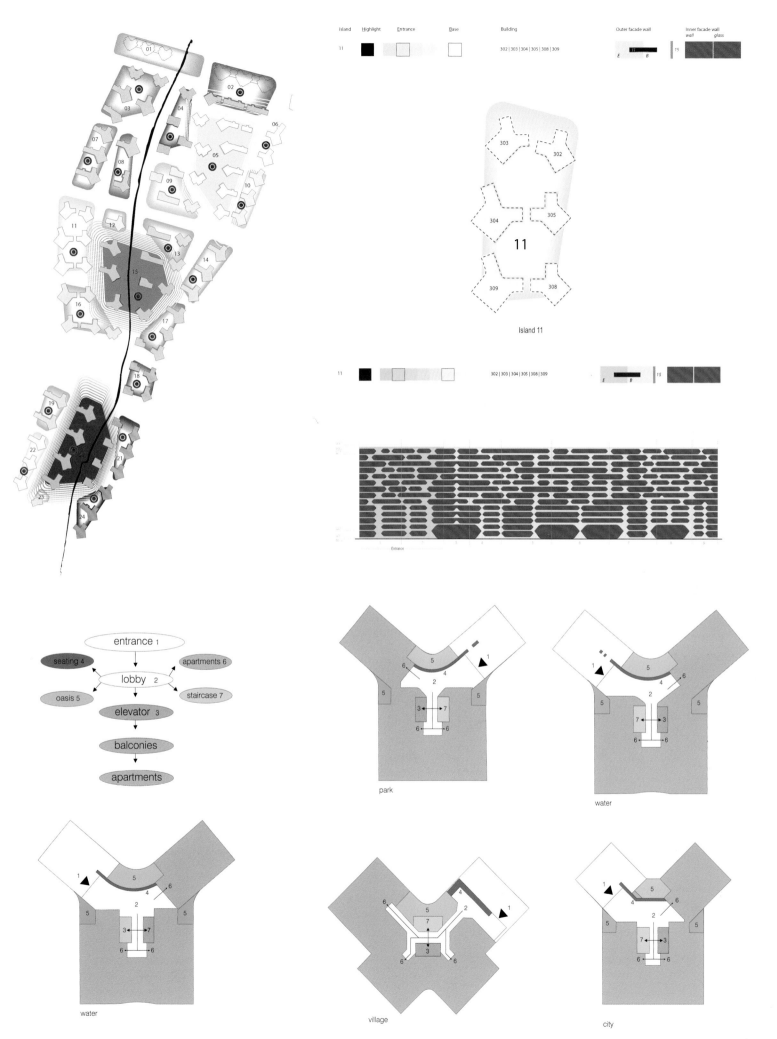

"爱·公园城市" 样板间

◎设计公司：UNStudio
◎项目地址：韩国水原
◎摄 影 师：伊万·巴安摄影事务所、克里斯蒂安·里茨特斯摄影事务所

◎竣工时间：2009年
◎项目面积：5 000 平方米

"爱·公园城市"是韩国水原市一个包括88栋公寓建筑的开发项目，此样板间用来展示该项目独特的城市住宅设计和建筑立面设计。

此样板间的主要设计理念是通过对复杂的走廊设计进行详细展示，为顾客提供真实的环境体验，因此通往建筑的道路和整个建筑内部的通道都被设计成一种展览模式。

室内设计和建筑立面设计充分展示了上述设计理念。这种相互交叉的通道设计使人们能够充分欣赏展览内容和立面效果。

此外，这条通道具有双重功能，使人们既能够欣赏到室内的展览内容，又能够获得今后将要开发的周边区域和景观环境的优美视图。室内通道设计强调"回家"的体验，这也是整个"爱·公园城市"开发项目的规划理念以及整个区域品牌战略的核心内容。

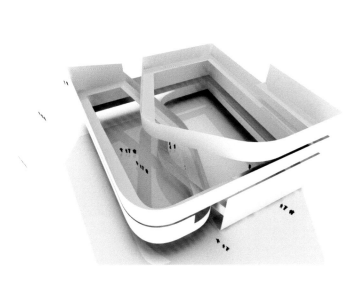

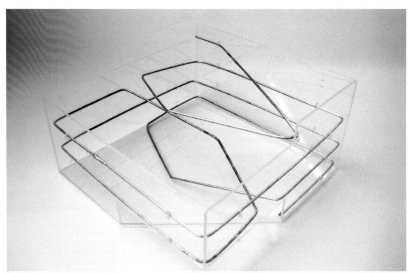

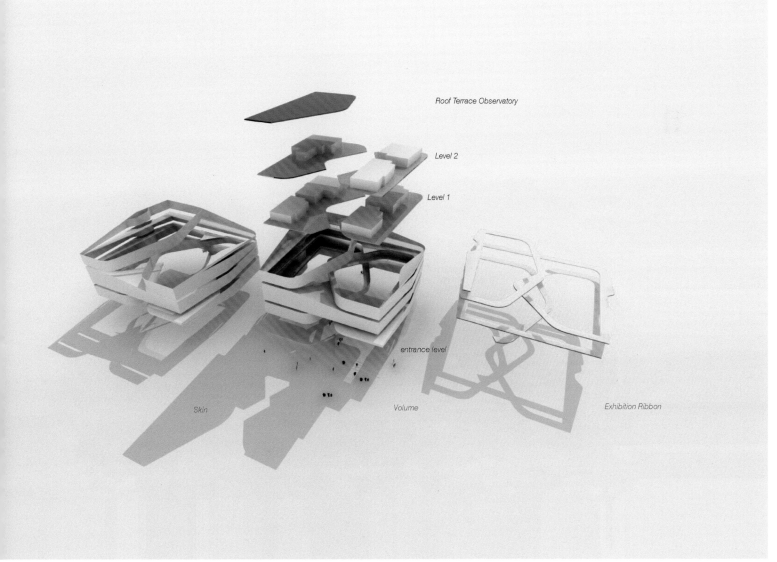

Roof Terrace Observatory

Level 2

Level 1

entrance level

Skin

Volume

Exhibition Ribbon

新阿姆斯特丹广场展馆

◎设计公司：UNStudio
◎项目地点：美国纽约
◎广场面积：668.9 平方米

◎竣工时间：2011年
◎展馆面积：37.16 平方米
◎摄 影 师：詹姆斯·D.阿迪奥

纽约400荷兰馆位于纽约新阿姆斯特丹广场上，受炮台公园管理委员会的委托而建，作为荷兰政府赠予纽约市民的一份独特礼物。该馆的设计目的是在这个具有重要历史意义的地方为游客、居民和每日过往的行人提供一个停留和学习的场所。每天来此的行人、游客和居民的人数众多，因此400荷兰馆全天按照不同的开馆时间向公众开放。

该馆现在已然成为当地的一个社会活动中心，并且为这个本来很不起眼的、很容易被行人和游客忽略的地方打造了一个标志性建筑，为这里注入了新鲜的活力。400荷兰馆还拥有双重功能：它既是一个服务中心（餐厅与信息中心），也是一个极具活力的艺术、灯光和媒体设施。

该馆的外观造型充分显示了其功能特点，并且在中央区域设计了更加永久性的封闭式功能。与中央封闭式功能区域形成鲜明对比，建筑采用整齐的流线型结构，从中央区域不断向外蔓延，并且向周边的景观环境打开，像是一朵绽放的花朵或者向四周展开的翅膀，在实现不同建筑朝向的同时，也为室内主要功能区域提供了多样化的景观视图。每个翅膀采用连续的流线型外观，弱化了室内外空间之间的界限。几何形状的室内通道使天花板、墙壁和地板之间的界限变得模糊，并且将该建筑与周围公园统一成一个整体。

虽然要求从曼哈顿下城周边的摩天大楼昼夜均能够清晰看到该馆，但该设计方案还是采用了广受欢迎的人体尺寸。400荷兰馆采用多变的外观造型，确保该建筑结构无前后面之分；如果绕着该馆转一圈，你会发现这个建筑没有前后面与等级之分。这是一种动态而非静态的重复，为人们提供了不同的欣赏角度和视野。

作为炮台公园中的一个景点，该馆热情欢迎游客亲身来欣赏展览和体验其中的配套功能。该项目的价值已经远远超越了其直接具有的建筑功能，不但使人们了解到荷兰与其在纽约历史中所扮演的角色之间的历史关系，而且为该地区成功打造了一个良好的活动场所。

该馆具有开放性和多变的功能用途，灯光和媒体设施可以更换，为不同游客提供个性化的空间体验。400荷兰馆为纽约市的居民和游客展示了荷兰与美国一种共同的价值观，即开放、交通便利和具有吸引力的公共空间对城市环境的重要性。

艺术展览和影音设备相结合将进一步提高400荷兰馆的历史文化功能，并且采用独特的作品向游客介绍荷兰文化和历史重大事件。

总平面图

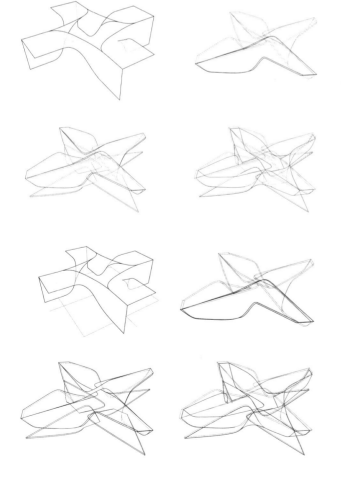

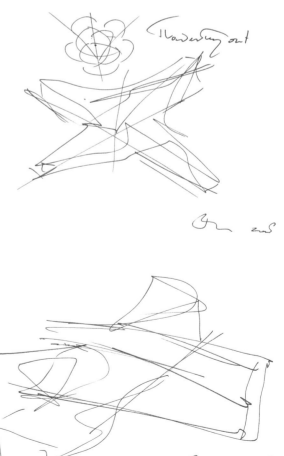

碉堡上的茶社

◎ 设计公司：UNStudio
◎ 项目地点：荷兰弗里兰德
◎ 占地面积：54 平方米

◎ 竣工时间：2006年
◎ 建筑面积：80 平方米
◎ 摄 影 师：克里斯蒂安·里茨特斯摄影事务所

该项目通过翻新和扩建对一座废弃的历史建筑进行重新利用。原建筑位于荷兰圩田内，是一个复杂水利控制系统的一部分，该建筑在受到攻击时可以放水将周围的陆地淹没。

目前，建筑周围设有马棚和马球场。新扩建部分将提供会议设施或商业休闲设施。现有碉堡建筑修建于1936年，本项目除了在原建筑的混凝土屋顶处扩建新结构外，不破坏原建筑的任何其他部分。扩建部分像一把巨大的雨伞，可以随时拆除，而且不会破坏或永久影响原有历史性建筑结构。扩建的金属结构就像是从碉堡的混凝土立面上长出来似的，悬臂部分采用大

块玻璃饰面伸向运动场上方。事实上，该空间的两面主墙内部采用钢结构，同时也作为扩建结构的横梁，由两根支柱稳定地支撑在现有碉堡正前方的地面上。碉堡的大体积混凝土外壳作为配重，成功实现了扩建结构的稳定性。此外，扩建结构与两根横梁相互连接抵消悬臂张力，进一步提高了结构的稳定性。

所有新建设施和通往扩建部分的公共通道均包含在碉堡内部。建筑的入口位于现有碉堡暴露在外的外立面和扩建结构采用金属装饰的外立面之间。

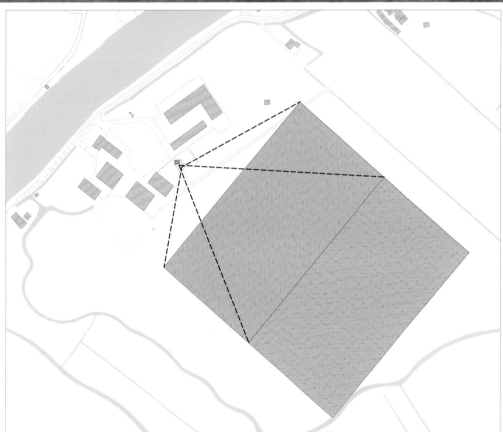

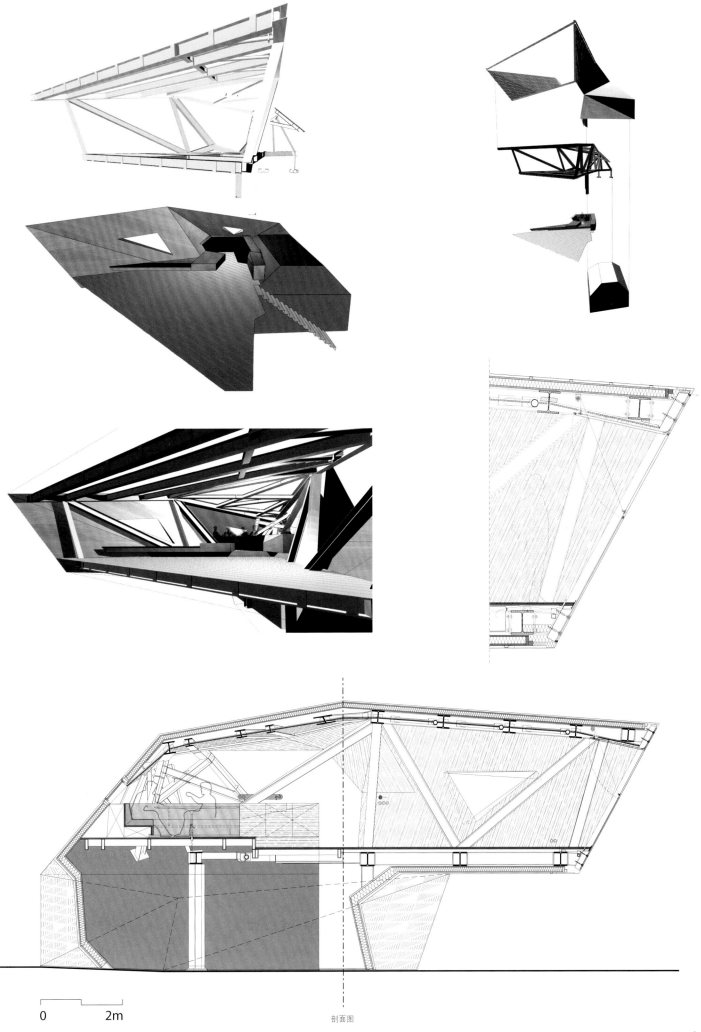

0   2m

剖面图

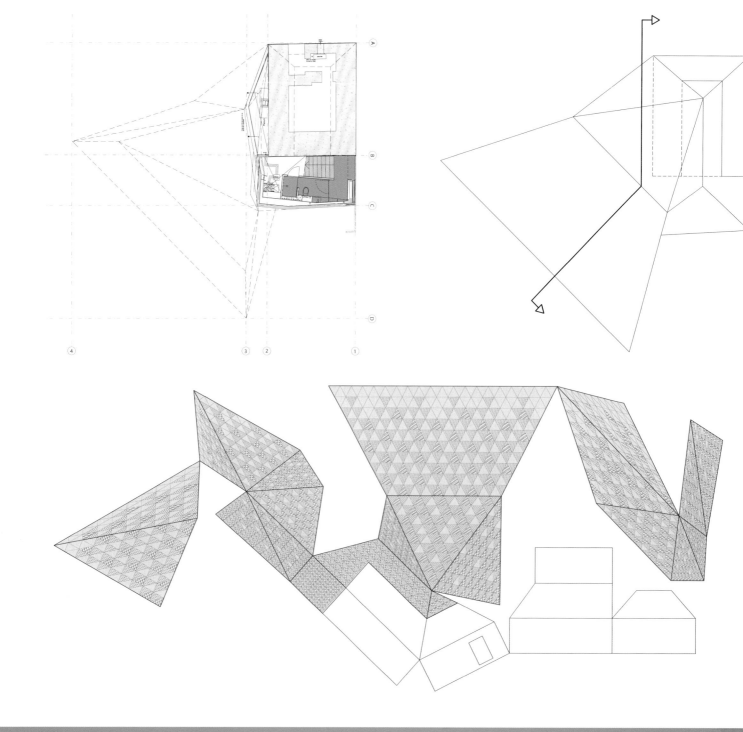

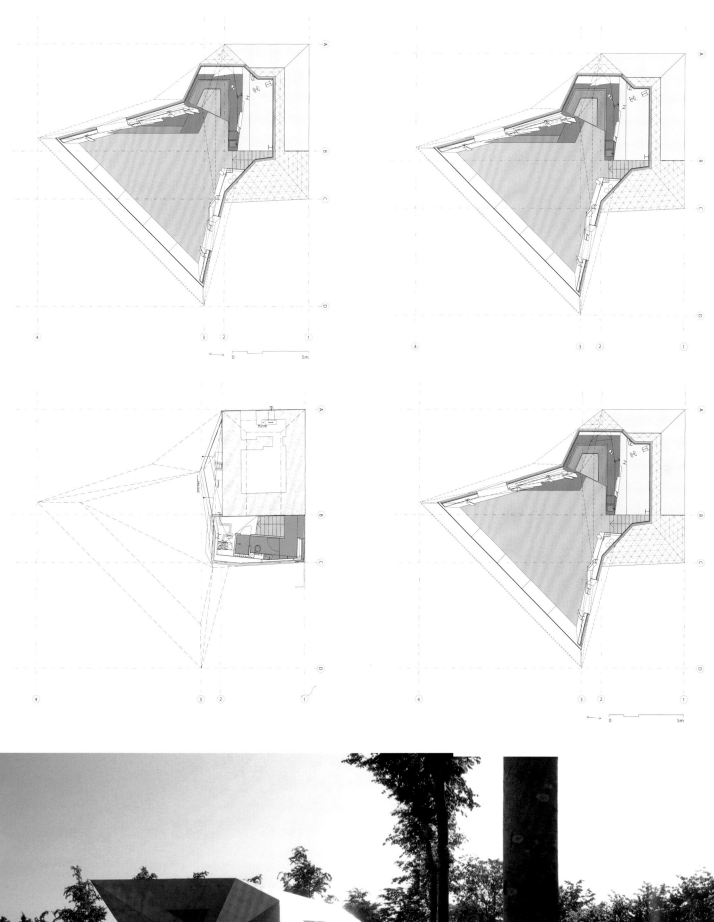

梅赛德斯-奔驰博物馆

◎设计公司：UNStudio
◎项目地点：德国斯图加特
◎占地面积：285 500 平方米

◎竣工时间：2006年
◎建筑面积：35 000 平方米
◎摄 影 师：Christian Richters摄影事务所、Brigida Gonzalez摄影事务所

梅赛德斯-奔驰博物馆使每位参观者忘记了他们正身处一个博物馆当中。使传统博物馆的可持续性变得越来越低的那些问题在这里荡然无存。周围的展览作品全部都是属于观赏者自己的文化。这些作品离你是如此之近，比当今大多数艺术所传达的信息更多。不知不觉中我们发现：如今，进入纽约的现代艺术博物馆，你的第一印象并不是艺术，而是一架悬浮在头顶的直升机。这架直升机向我们讲述了社会取得的成就和存在的问题，正如梅赛德斯-奔驰博物馆中的汽车和它们的历史向我们所展示的丰富信息。

这个收藏有广泛藏品的博物馆各部分之间具有良好的比例，顶层就像是卢浮宫，底层就像是维多利亚与艾尔伯特博物馆。该博物馆是个例外，这里拥有所有顶级艺术展品。未来属于讲述自身故事的专业收藏，因此比毫无专业方向而言的全面收藏更能够刺激文化的发展。

在汽车标志展厅内，我们没有采用单个展台的布局形式，而是采用半圆形坡道为参观者提供不同的视角。参观者可以从高处、低处、近处、远处、正面和侧面等不同位置和角度欣赏这些具有非凡历史的汽车展品。在精品展厅中，参观者通过一条长楼梯可以到达与汽车同样的高度近距离观赏。会感觉到在

梅赛德斯-奔驰博物馆内只有参观者位于展台上。

此外，长形展台和全景展厅形成一种新型博物馆空间。我们的设计理念是创造一个能够刺激人们眼球的环境，但是并不是通过光学区域来实现，而是通过其他方式。我们使展品与展览空间、周围展品以及外部空间之间产生某种联系，从而实现一种强烈的视觉体验。

按设计年代排列的汽车展品沿螺旋形布局展开，与提供宁静空间的水平展台之间达到一种平衡效果。我们利用空间讲述每辆汽车具有的传奇故事和汽车的用途，而不是简单地将展品一个个挂在那里。该博物馆和馆内展品的核心是运动以及产生运动的机器。

该建筑就像一个充满对偶倒列效果的雕塑盘旋着围绕在参观者的周围，使参观者时而能够看到展品和其他人群，时而又无法看到。要想参观完每个展厅内的每一辆展车要花费六个小时的时间。当然，你需要来过多次后才能完全熟悉该建筑的布局。在任何一个单独的地点，你很难确定你到底在哪里。你可能在错误的地方找到了正确的展览空间，也可能找到了正确的地方但却不是你想要去的展览空间。该建筑逐渐打开，不断给参观者带来惊喜。但无论如何，参观者在这里是绝不会迷路的。

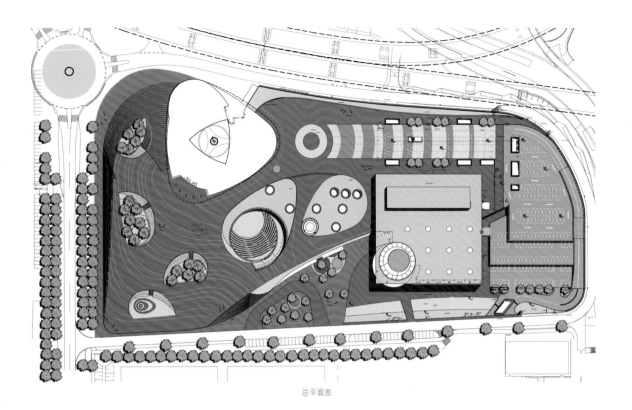

总平面图

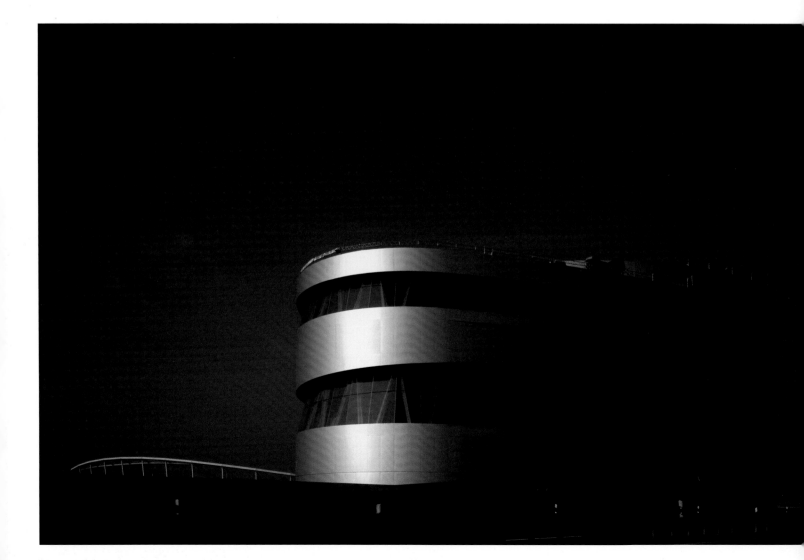

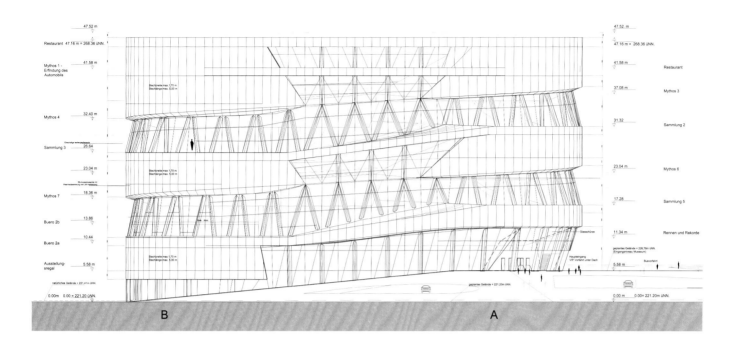

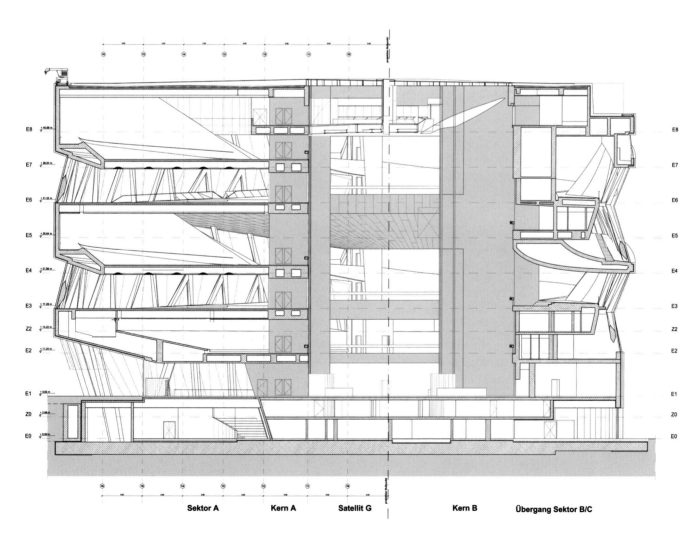

剖面图

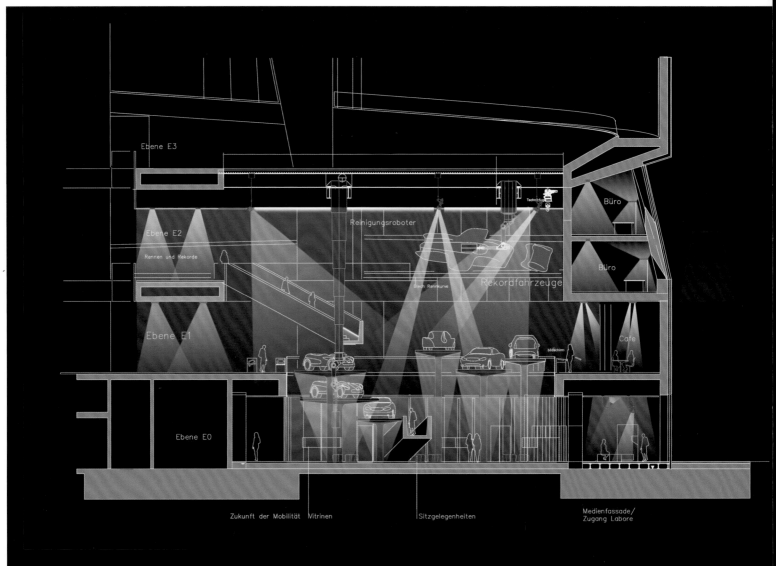

Ebene E3

Ebene E2

Rennen und Rekorde

Reinigungsroboter

Büro

Büro

Rekordfahrzeuge

Ebene E1

Cafe
bildschirm

Ebene E0

Zukunft der Mobilität Vitrinen

Sitzgelegenheiten

Medienfassade/
Zugang Labore

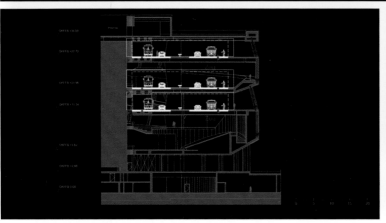

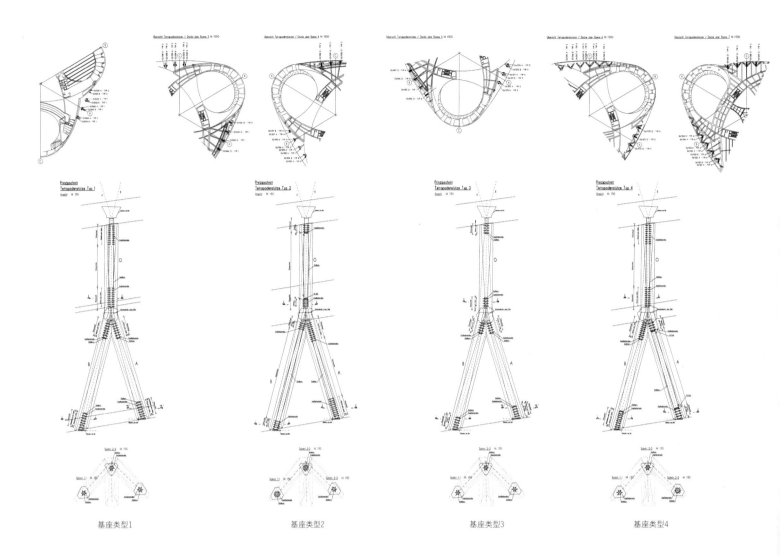

基座类型1 基座类型2 基座类型3 基座类型4

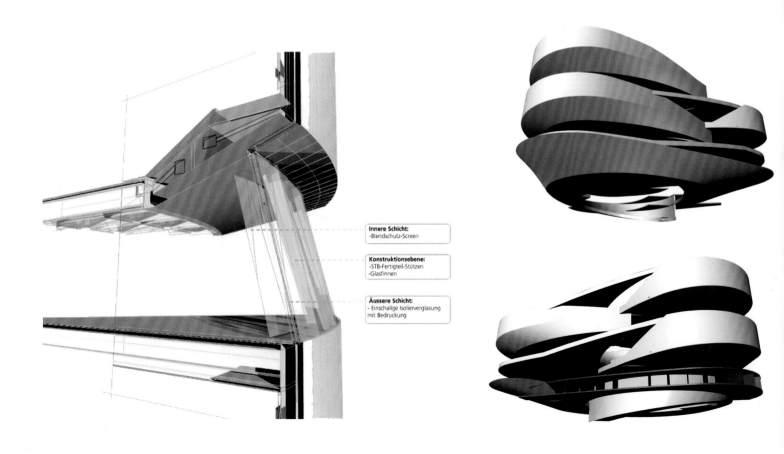

Innere Schicht:
-Blendschutz-Screen

Konstruktionsebene:
-STB-Fertigteil-Stützen
-Glasfinnen

Äussere Schicht:
- Einschalige Isolierverglasung
  mit Bedruckung

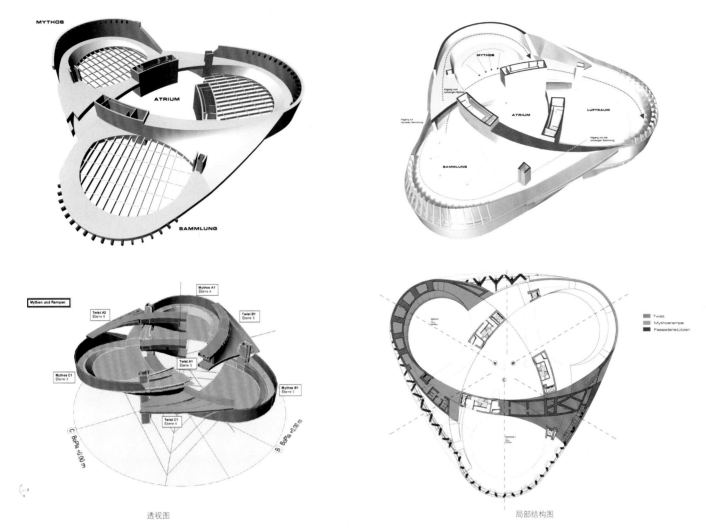

透视图   局部结构图

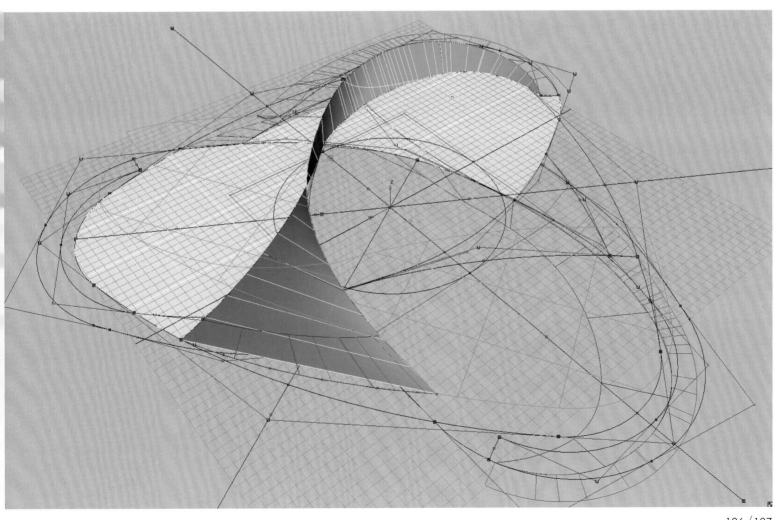

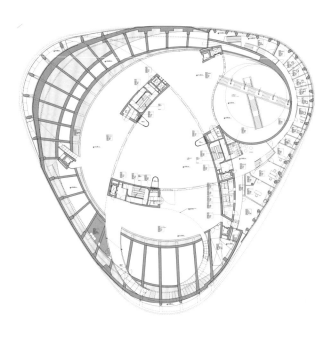

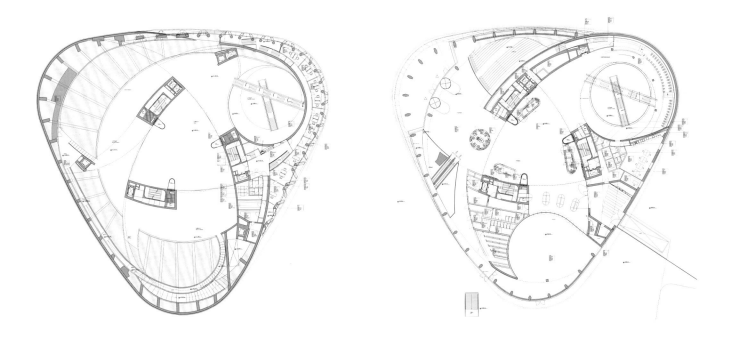

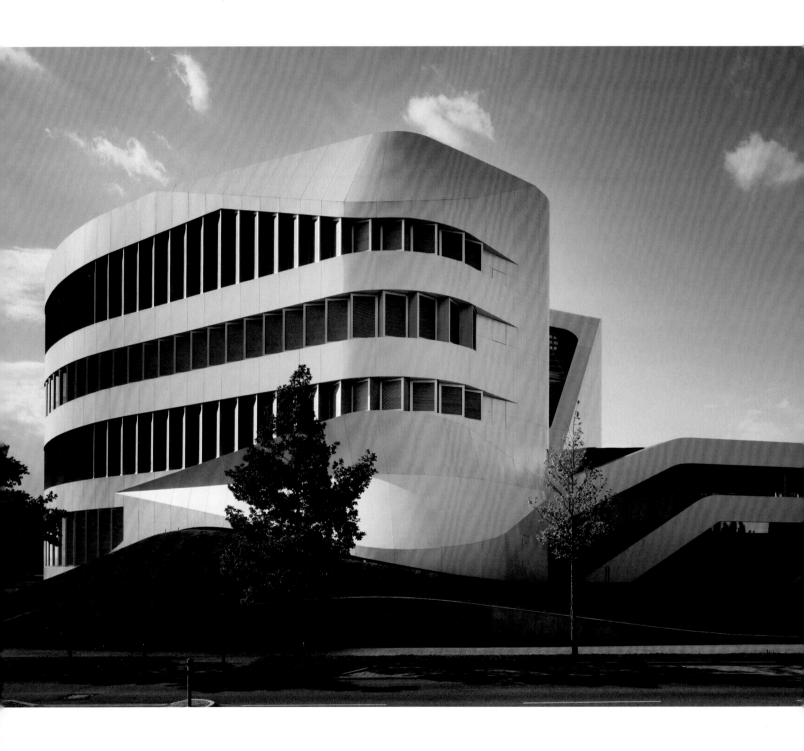

虚拟工程中心

◎ 设计公司：UNStudio
◎ 项目地点：德国斯图加特
◎ 摄 影 师：克里斯蒂安·里茨特斯摄影事务所

◎ 竣工时间：2012年
◎ 建筑面积：5 782 平方米

佛朗霍夫工业工程研究院的虚拟工程中心位于斯图加特瓦赫根校区的校园中。该建筑包括一个研究短时期内产品开发的研究中心，主要对各种跨专业工作流程的结果进行科学调查。该设计方案打造了一个开放式技术创新型结构，同时严格遵守佛朗霍夫工业工程学院现有的品牌战略。为了使实验室和研究功能与展览和拥有优美景观的参观通道有机结合起来，设计师采用图表的方式成功实现了一种开放的互动式设计方案。研究室交替布置在中庭的周围，环形楼梯将不同功能空间彼此连接在一起。

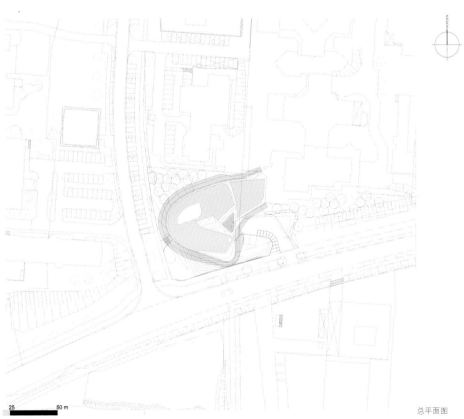

25   50 m

总平面图

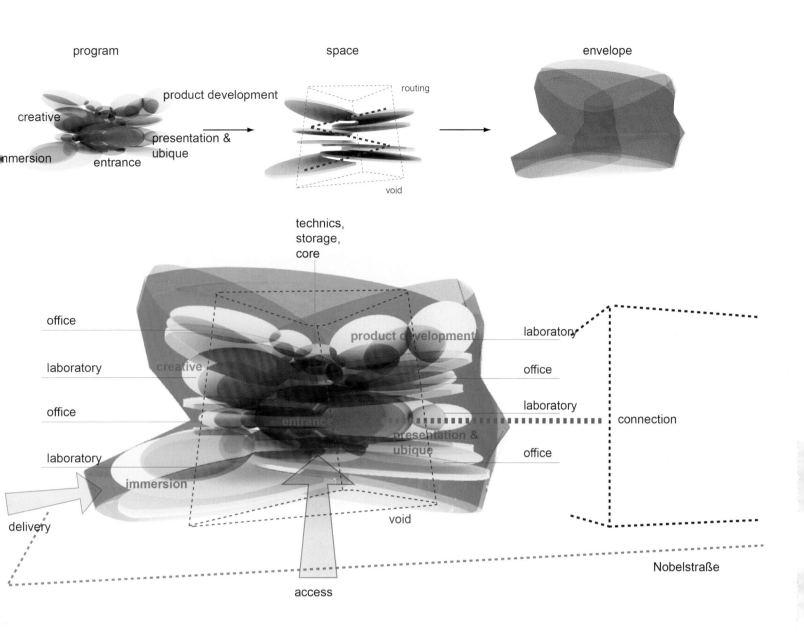

program

creative

immersion   entrance

product development

presentation & ubique

space

routing

void

envelope

technics, storage, core

office

laboratory

office

laboratory

immersion

delivery

product development

creative

entrance

presentation & ubique

void

access

laboratory

office

laboratory

office

connection

Nobelstraße

spatial configuration

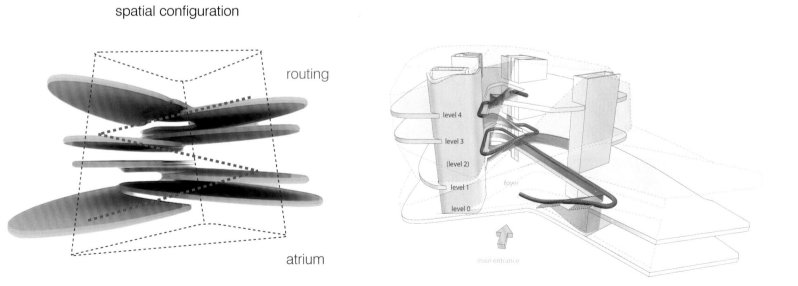

routing

atrium

level 4

level 3

(level 2)

level 1

level 0

foyer

main entrance

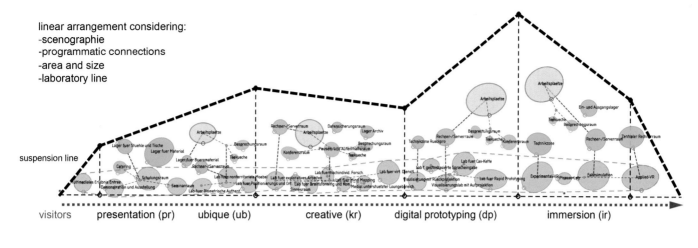

linear arrangement considering:
-scenographie
-programmatic connections
-area and size
-laboratory line

suspension line

visitors   presentation (pr)   ubique (ub)   creative (kr)   digital prototyping (dp)   immersion (ir)

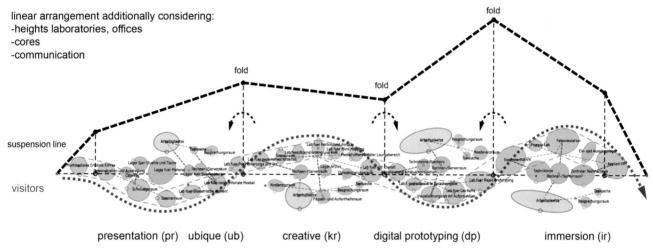

linear arrangement additionally considering:
-heights laboratories, offices
-cores
-communication

fold

fold   fold

suspension line

visitors

presentation (pr)   ubique (ub)   creative (kr)   digital prototyping (dp)   immersion (ir)

sketch "structure" - hanging boxes 13.10.2006

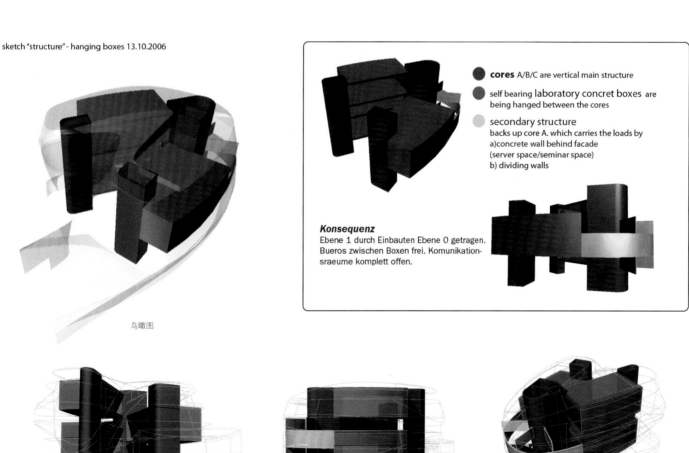

● **cores** A/B/C are vertical main structure

● self bearing **laboratory concret boxes** are being hanged between the cores

● **secondary structure**
backs up core A. which carries the loads by
a)concrete wall behind facade
(server space/seminar space)
b) dividing walls

Konsequenz
Ebene 1 durch Einbauten Ebene 0 getragen.
Bueros zwischen Boxen frei. Komunikation-
sraeume komplett offen.

鸟瞰图

东侧视图   南侧鸟瞰图   鸟瞰图

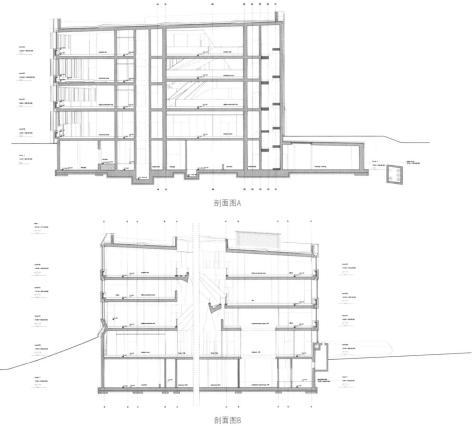

剖面图A

剖面图B

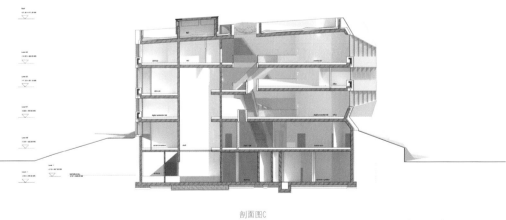

剖面图C

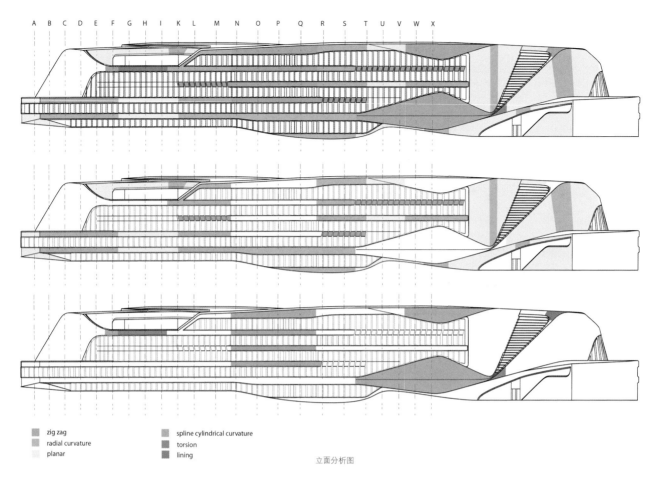

A B C D E F G H I K L M N O P Q R S T U V W X

zig zag
radial curvature
planar

spline cylindrical curvature
torsion
lining

立面分析图

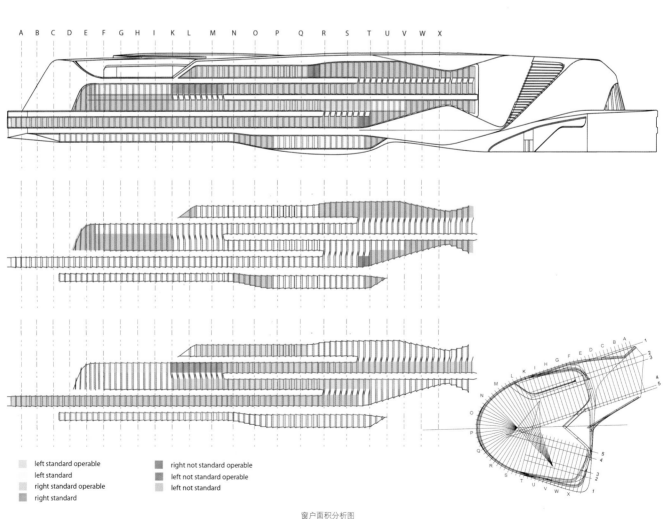

A B C D E F G H I K L M N O P Q R S T U V W X

left standard operable
left standard
right standard operable
right standard

right not standard operable
left not standard operable
left not standard

窗户面积分析图

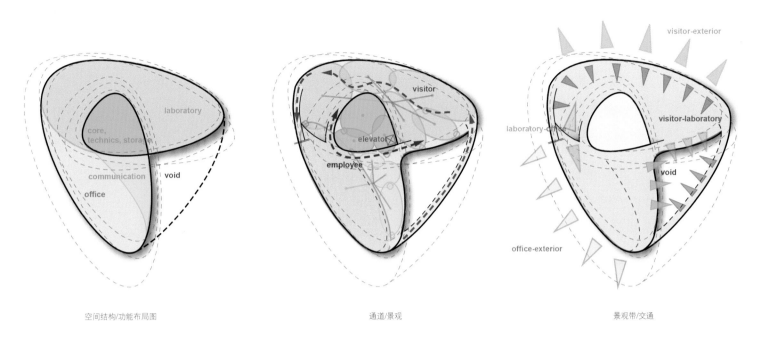

空间结构/功能布局图   通道/景观   景观带/交通

programmatic development in relation to heights, functional relationships

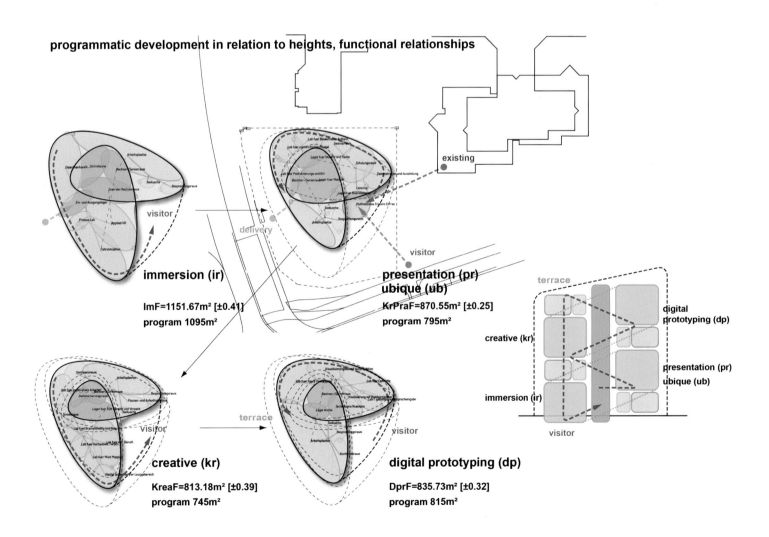

immersion (ir)

ImF=1151.67m² [±0.41]
program 1095m²

**presentation (pr)
ubique (ub)**

KrPraF=870.55m² [±0.25]
program 795m²

creative (kr)

KreaF=813.18m² [±0.39]
program 745m²

digital prototyping (dp)

DprF=835.73m² [±0.32]
program 815m²

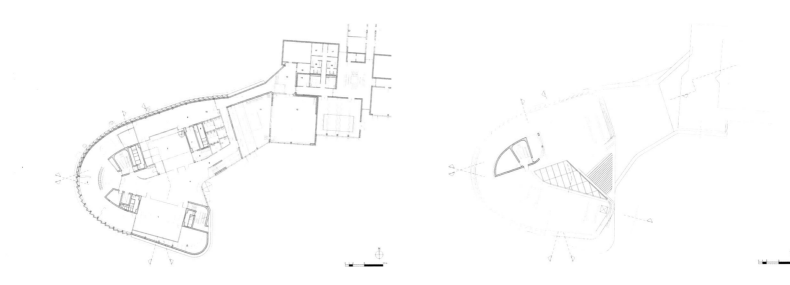

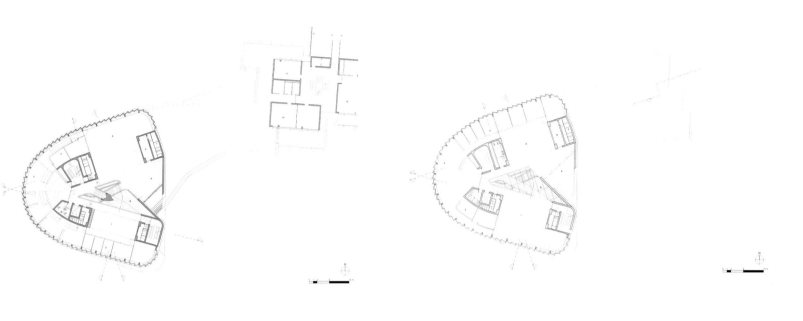

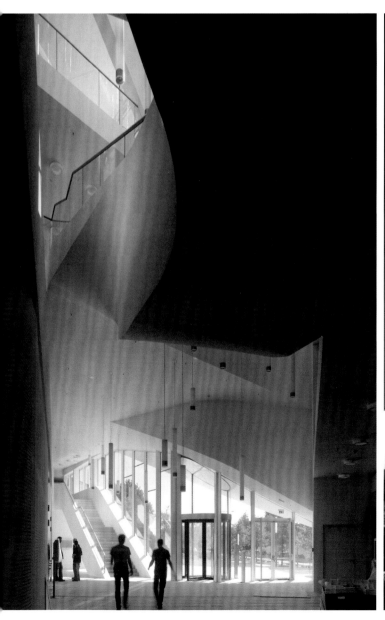

温伯格别墅

◎ 设计公司：UNStudio
◎ 项目地点：德国斯图加特
◎ 摄 影 师：克里斯蒂安·里茨特斯摄影事务所、伊万·巴安摄影事务所

◎ 竣工时间：2011年
◎ 占地面积：1 280 平方米

温伯格别墅项目位于城镇郊区，这里曾是一片农村区域。住宅的一侧可以一览山坡上古老葡萄园的田园风光，另一侧可以欣赏到壮丽的城市景观。

该住宅的内部走廊、景观视图和功能布局等方面均根据"扭曲"这一设计理念进行设计。在建筑内部，中央扭曲元素支撑着主楼梯，承担主要人员流动。每条曲线的弯曲方向由一系列沿对角线布置的功能而定。该住宅的内部功能根据太阳的轨迹进行布局，每个弯曲点都可以为室内空间提供广阔的室外景观。

建筑采用混凝土承重结构，并且将其体积控制到最小程度，从而成功实现设计理念。屋顶和楼板仅由四个结构元素支撑，即电梯井、两根立柱和一根内柱。大型悬臂结构下面形成一个宽敞的空间，使整个建筑的四个拐角均能采用无支柱的玻璃立面。

住宅的一角采用双倍高度的玻璃立面形成餐厅区域，向西北侧的广阔视野开放，并且将山坡上的葡萄园作为别墅的优美背景。餐厅区域采用推拉门窗设计，使室内外空间相互融合，进一步模糊了室内空间与环境景观之间的边界。起居室的一角同样采用玻璃立面，使人们能够欣赏到附近西南侧公园的开放景观。二楼上的主卧室和休闲空间等曲线元素进一步扩展了室内的视野。

温伯格别墅的室内空间被规划成具有不同风格和气氛的多样化空间，四个开放式角落的落地窗为建筑内部提供了丰富的阳光。建筑内部采用天然橡木地板以及用白色高岭土粉刷的石材墙面上点缀着小块镜面石材，进一步彰显了室内空间的整体照明气氛。这些定制的功能特色和装饰效果与建筑完美融合为一体。与内部四周的明亮空间形成鲜明对比，中央的轻型流线结构是一个较暗的多功能室，可用于音乐演奏、男性狂欢和追逐嬉戏等功能。该房间的天花板和墙壁采用经过特殊设计的声学深色木板，天花板的浮雕图案逐渐转变为墙壁上的线性图案，并且一直延续到深色的木质地板。

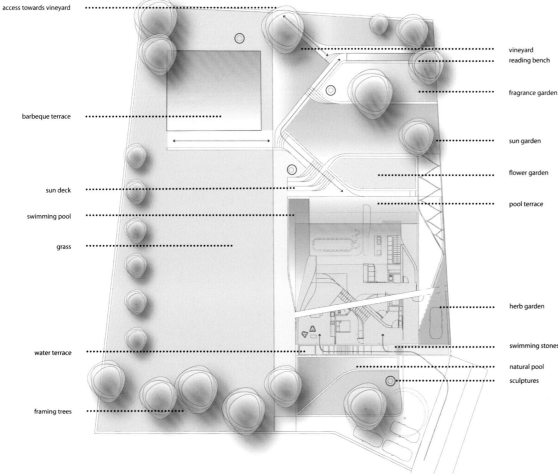

access towards vineyard

barbeque terrace

sun deck

swimming pool

grass

water terrace

framing trees

vineyard
reading bench

fragrance garden

sun garden

flower garden

pool terrace

herb garden

swimming stones

natural pool

sculptures

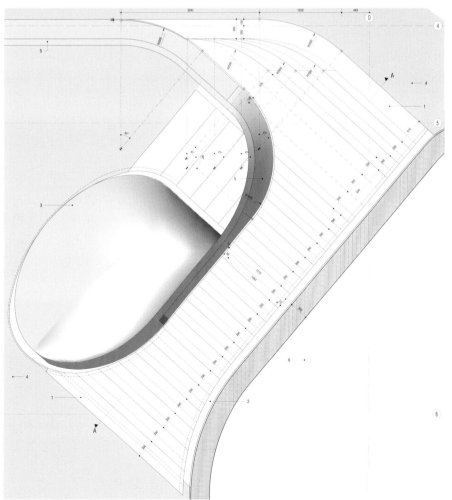

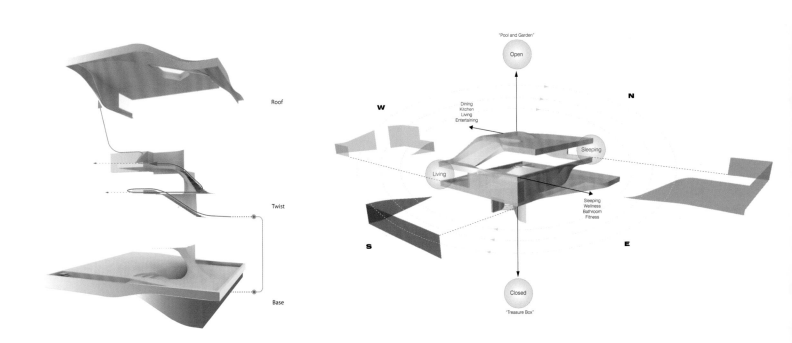

Roof

Twist

Base

"Pool and Garden"

Open

W

N

Dining
Kitchen
Living
Entertaining

Sleeping

Living

Sleeping
Wellness
Bathroom
Fitness

S

E

Closed

"Treasure Box"

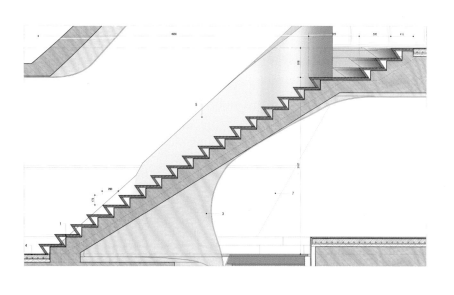

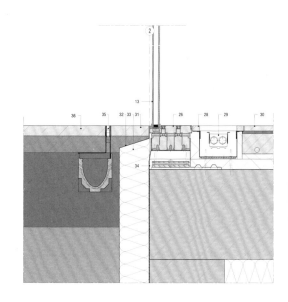

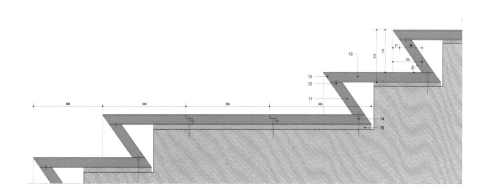

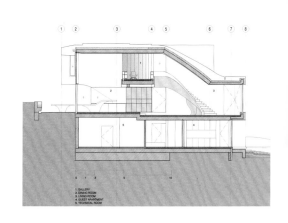

1. GALLERY
2. DINING ROOM
3. LIVING ROOM
4. GUEST APARTMENT
5. TECHNICAL ROOM

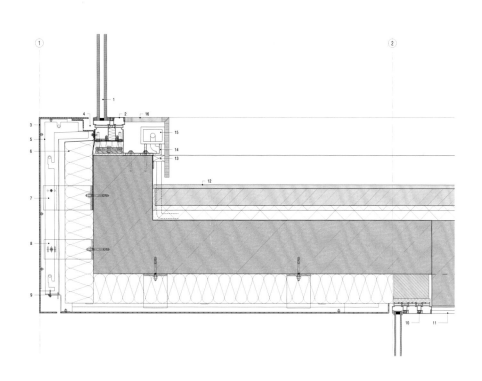

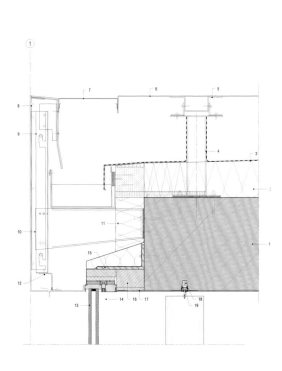

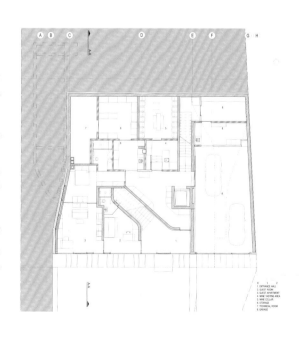

1. ENTRANCE HALL
2. GUEST ROOM
3. GUEST APARTMENT
4. WINE TASTING AREA
5. WINE CELLAR
6. STORAGE
7. TECHNICAL ROOM
8. GARAGE

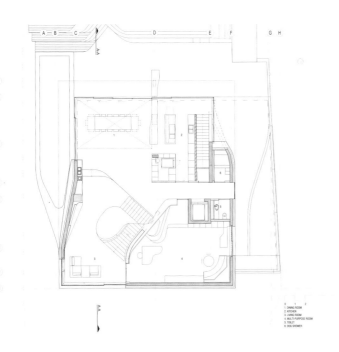

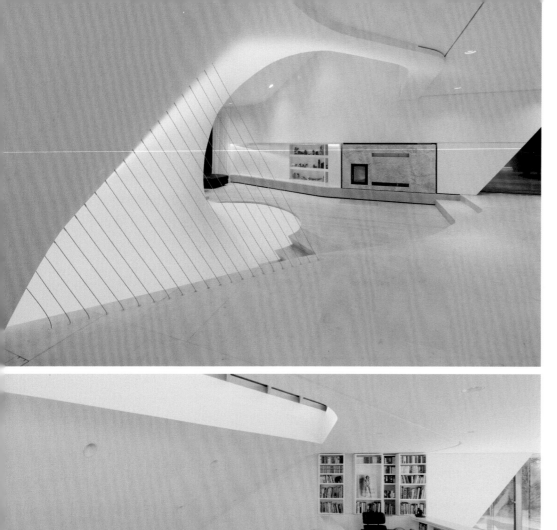

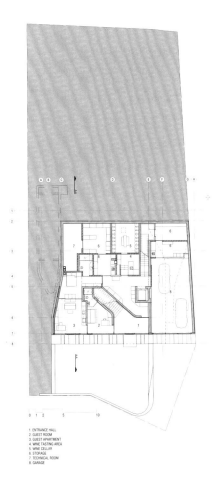

1. ENTRANCE HALL
2. GUEST ROOM
3. GUEST APARTMENT
4. WINE TASTING AREA
5. WINE CELLAR
6. STORAGE
7. TECHNICAL ROOM
8. GARAGE

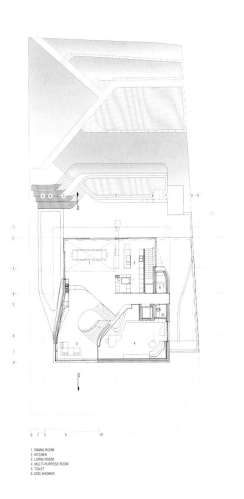

1. DINING ROOM
2. KITCHEN
3. LIVING ROOM
4. MULTI-PURPOSE ROOM
5. TOILET
6. DOG SHOWER

1. GALLERY / LIBRARY
2. DOUBLE HEIGHT SPACE
3. SLEEPING ROOM
4. MASTER BATHROOM /
   WALK-IN CLOSET
5. TOILET
6. WELLNESS AREA

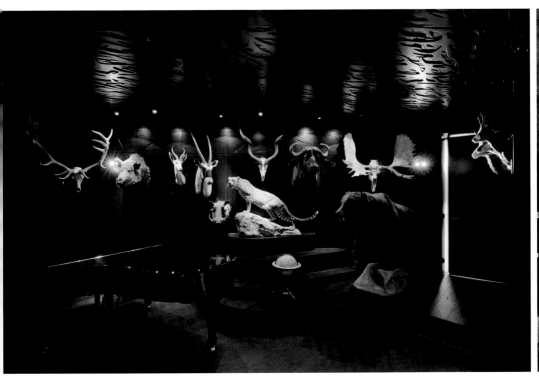

史各士大厦

◎ 设计公司：UNStudio
◎ 项目地点：新加坡

◎ 业　　　主：远东组织
◎ 建筑面积：18 500 平方米

史各士大厦是新加坡一座SOHO公寓楼，位于新加坡的黄金地段，临近乌节路豪华购物区，俯瞰附近的公园景观和新加坡的全景都市风景。该项目处于复杂的建筑环境当中，大厦的设计既考虑了周边环境又尊重了新加坡的城市历史文化。

空中邻居

史各士大厦的设计理念旨在打造一个包含各种住宅类型和规模的垂直城市空间。此外，空中露台、屋顶花园和私人露台等室外绿化区域是该设计方案中的一个重要元素。垂直城市概念在该大厦中以三个层次得以展现，即：城市、邻居、家。垂直城市概念的这三个要素以及绿化带之间以两种方式相互结合："垂直框架"和"空中框架"。

"垂直框架"在城市空间中根据建筑学特点来组织大厦的布局。这一框架在宏观上赋予大厦"垂直城市空间"的感觉，并且将四个住宅建筑（体量）划分成不同的"邻里关系"，通过玻璃颜色的变化相互区分。设计中的细部处理表现在每个住宅单元阳台的不断变化，为居民们提供"家"（住宅）的感觉。

"空中框架"表现在大厅（1至2层）和空中露台（25层）的设计当中，对大厦内的休闲服务空间和绿化区域进行合理布局。这些细部设计象征着大厦与新加坡城市空间之间的连接元素，向城市展示大厦的身份特征，同时在空中花园楼层为大厦中的人们提供了壮丽的城市景观视图，并且在宽敞的露台还能够欣赏到附近绿化公园内的优美景观。

定制的起居空间

这四个住宅体块均具有多种定制的起居空间。通过对户外空间的类型、尺寸、布局和连接以及室内空间的个性化布局赋予每个住宅单元独特的特征。大厦整个框架中每个体块之间的连接与露台空间的组织和实现具有密切关系。这些多变的户外空间为人们提供了多样化的景观视图，如：位于拐角处的露台不但能够为人们提供城市的全景视图，还能够欣赏到建筑周边优美的自然景观。

大厦中的每个住宅单元都是一个精致的起居空间，精湛的工艺、细部特点、设计理念以及装饰材料的选择等要素均得以完美体现。

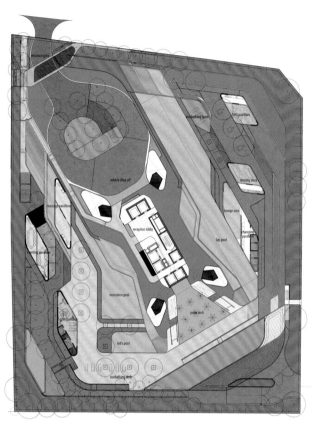

景观平面图

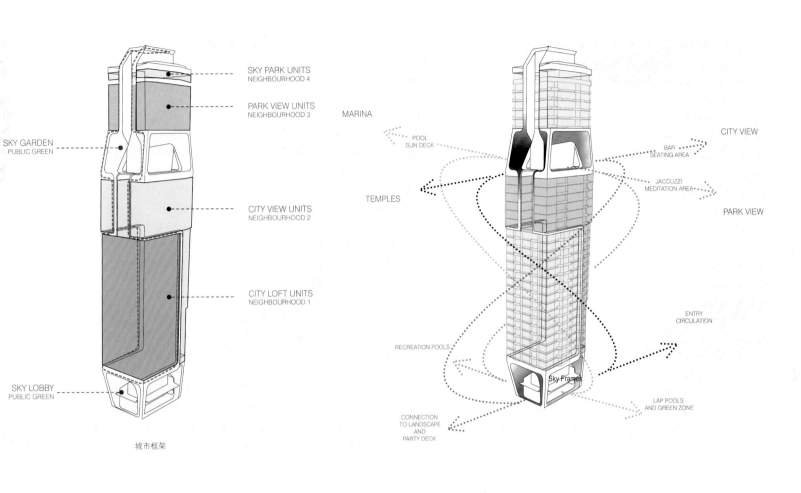

SKY PARK UNITS
NEIGHBOURHOOD 4

PARK VIEW UNITS
NEIGHBOURHOOD 3

SKY GARDEN
PUBLIC GREEN

CITY VIEW UNITS
NEIGHBOURHOOD 2

CITY LOFT UNITS
NEIGHBOURHOOD 1

SKY LOBBY
PUBLIC GREEN

城市框架

MARINA

POOL
SUN DECK

CITY VIEW

BAR
SEATING AREA

TEMPLES

JACCUZZI
MEDITATION AREA

PARK VIEW

ENTRY
CIRCULATION

RECREATION POOLS

Sky Frames

LAP POOLS
AND GREEN ZONE

CONNECTION
TO LANDSCAPE
AND
PARTY DECK

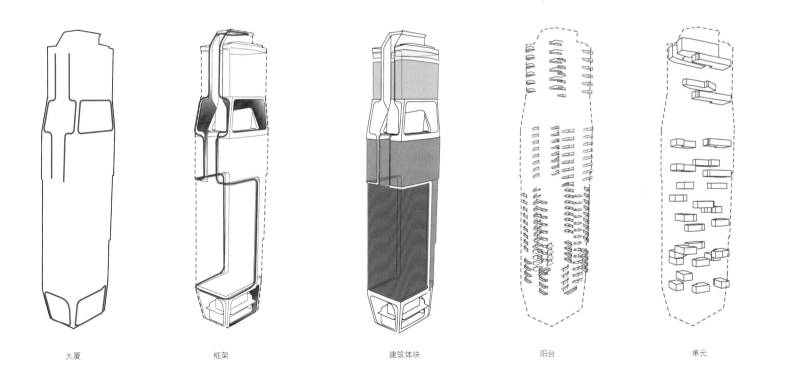

大厦

框架

建筑体块

阳台

单元

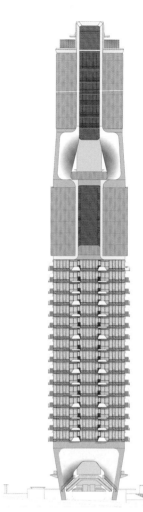

东立面图

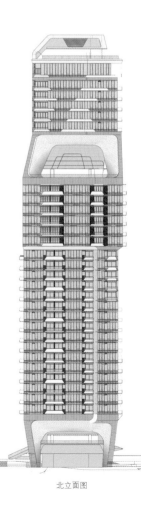

北立面图

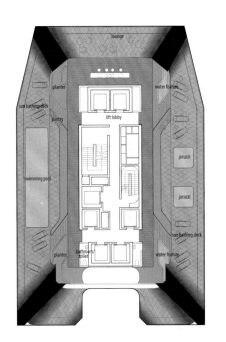

空中露台平面图

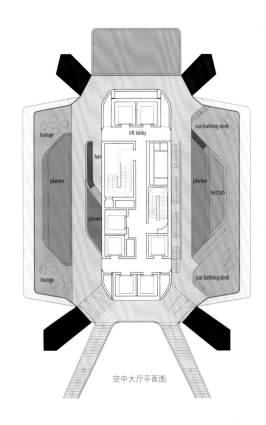

空中大厅平面图

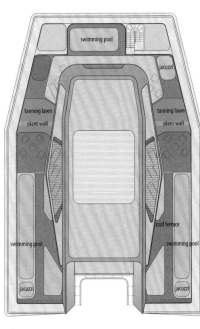

屋顶平面图

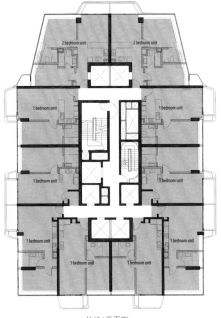

体块A平面图

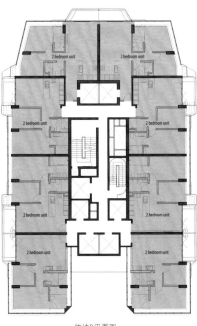

体块B平面图

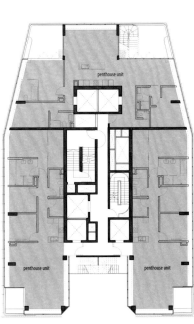

体块D平面图

珊顿大道V形大厦

◎设计公司：UNStudio
◎项目地点：新加坡
◎占地面积：6 778 平方米

◎业　　主：UIC投资（资产）有限公司
◎建筑面积：85 507 平方米

前UIC大楼建成于1973年，多年来一直是新加坡最高的建筑，也是城市天际线中的主要建筑元素，矗立于新加坡中心商务区核心位置珊顿大道上众多具有重要意义的塔楼之间。如今，该区域正在经历快速的经济复苏与转变，"珊顿大道V形大厦"作为新的UIC大楼为该地区的改造注入了新的推动力。该项目具有双重功能，集办公和住宅于一体，为这片城市区域提供了独特的建筑环境。

该项目的双子塔分别为23层的办公楼和53层的住宅塔楼，庞大的建筑体量进一步突出了该项目的双重功能。办公塔楼的体量与周围建筑和街道的规划布局相协调。办公塔楼采用倾斜屋顶设计，与住宅塔楼中间的空中花园相呼应，而住宅塔楼的超高楼层使其从周围建筑物当中脱颖而出。在空中休息大厅的上方，住宅塔楼从中央被垂直分割为两个体块，而且在中轴线周围设置了多个通风孔，有效实现了塔楼自然通风的设计理念。这些通风孔覆盖在建筑立面包层内，包层设有空气循环口，成功打造出一个连续不间断的六角形建筑立面图案，同时也成为该项目的一个显著特点。

建筑立面

办公大楼和住宅塔楼采用相同的建筑形式，而且立面也采用相同的图案类型。设计师采用六边形作为基本形状在建筑立面上创造出优美的图案，进一步提升了立面的装饰效果。此外，立面上设置的棱角和遮阳装置也适用于新加坡的气候条件。

办公大楼采用幕墙模块和最佳的面板尺寸，将两者巧妙结合打造出一个标志性的立面图案。与此相反，住宅塔楼的立面采用相互堆叠的单元组成。住宅塔楼的立面图案主要由住宅的功能元素组成（如阳台、飘窗、植物、空调支架等），并配以1至2层楼通高模块和多样化的装饰材料。这些几何面板为建筑增添了独特的纹理和连贯性，同时能够起到反光和遮阳等效果。建筑立面的纹理和面积对于保持建筑内生活和工作环境的舒适度来说具有重要意义。遮阳装置和高性能玻璃能够确保可持续性和可居住建筑立面的实现。

建筑四周采用圆角造型，住宅塔楼、写字楼和基座之间通过一条流线型线条相互连接起来。白天，这些圆角呈现出平滑的外观，与塔楼的起伏的表面形成鲜明对比。在晚上，这些圆角上设置的照明设施将被点亮，在塔楼、停车场以及空中花园的四周形成一条连续的光带。办公大楼北端的圆角还为人们提供了海湾、武吉知马山以及中心商务区等景观视图。

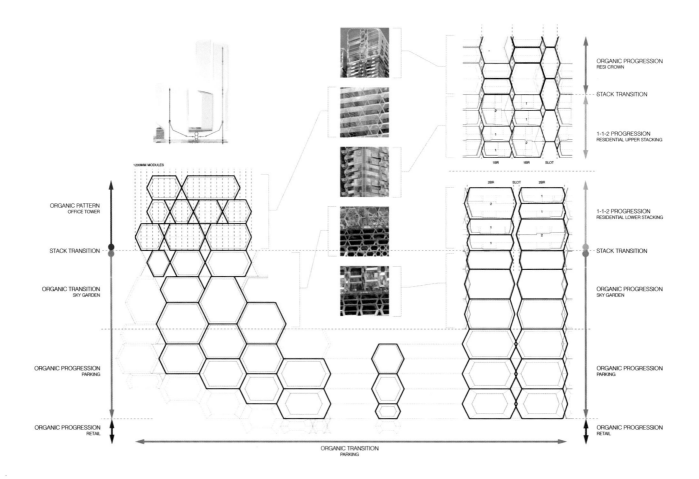

ORGANIC PATTERN
OFFICE TOWER

STACK TRANSITION

ORGANIC TRANSITION
SKY GARDEN

ORGANIC PROGRESSION
PARKING

ORGANIC PROGRESSION
RETAIL

1200MM MODULES

ORGANIC TRANSITION
PARKING

ORGANIC PROGRESSION
RESI CROWN

STACK TRANSITION

1-1-2 PROGRESSION
RESIDENTIAL UPPER STACKING

1BR   1BR   SLOT

2BR   SLOT   2BR

1-1-2 PROGRESSION
RESIDENTIAL LOWER STACKING

STACK TRANSITION

ORGANIC PROGRESSION
SKY GARDEN

ORGANIC PROGRESSION
PARKING

ORGANIC PROGRESSION
RETAIL

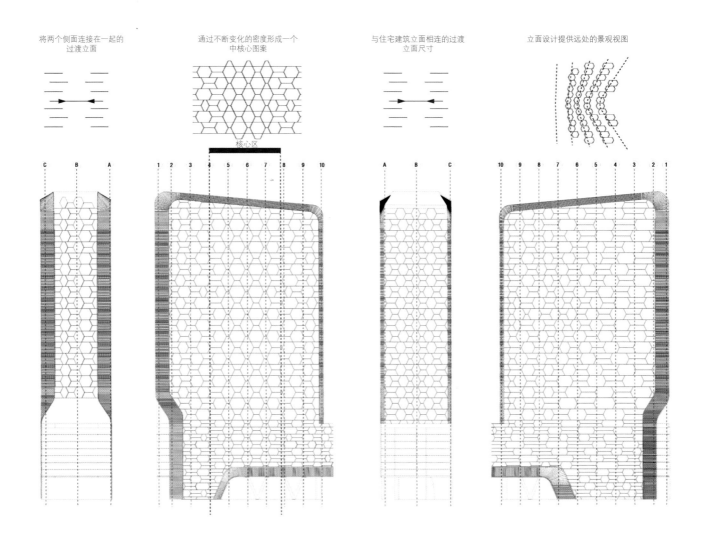

将两个侧面连接在一起的
过渡立面

通过不断变化的密度形成一个
中核心图案

与住宅建筑立面相连的过渡
立面尺寸

立面设计提供远处的景观视图

核心区

C   B   A

1 2 3 4 5 6 7 8 9 10

A   B   C

10 9 8 7 6 5 4 3 2 1

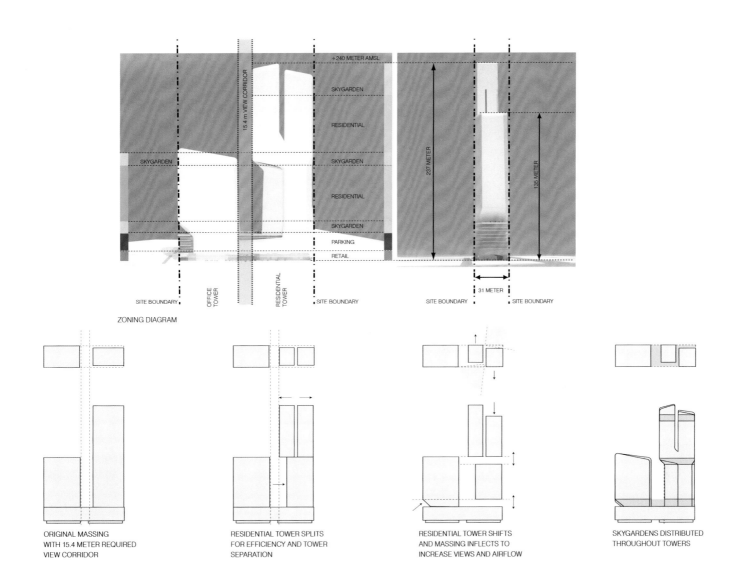

ZONING DIAGRAM

ORIGINAL MASSING
WITH 15.4 METER REQUIRED
VIEW CORRIDOR

RESIDENTIAL TOWER SPLITS
FOR EFFICIENCY AND TOWER
SEPARATION

RESIDENTIAL TOWER SHIFTS
AND MASSING INFLECTS TO
INCREASE VIEWS AND AIRFLOW

SKYGARDENS DISTRIBUTED
THROUGHOUT TOWERS

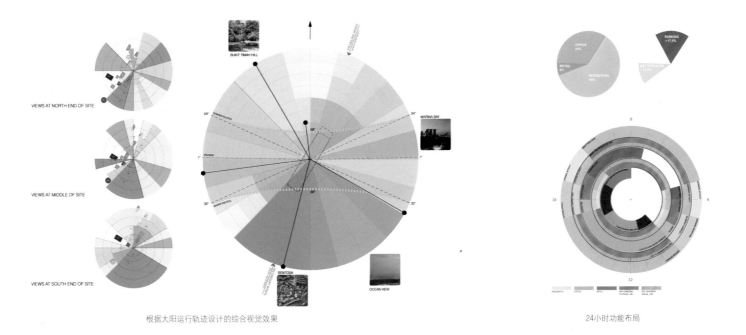

根据太阳运行轨迹设计的综合视觉效果

24小时功能布局

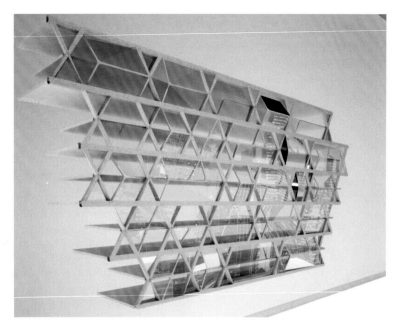

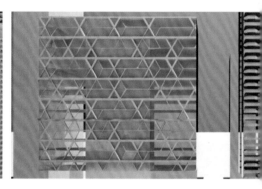

MODUL 01

MODUL 02

MODUL 03

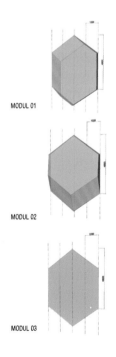

OFFICE
4.8M FLOOR HEIGHT

SKYGARDEN
14.75m

PARKING
3M FLOOR HEIGHT

RETAIL
5M FLOOR.HEIGHT

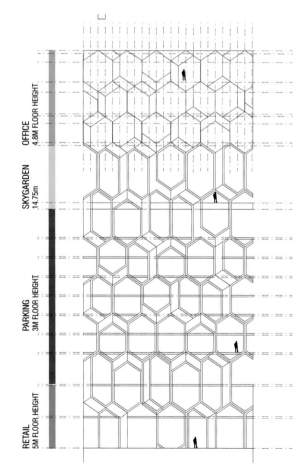

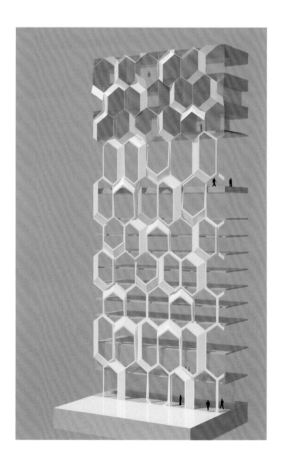

MODUL 01

MODUL 02

MODUL 03

MODUL 04

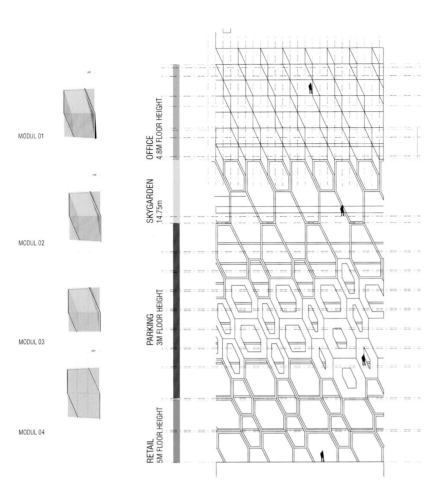

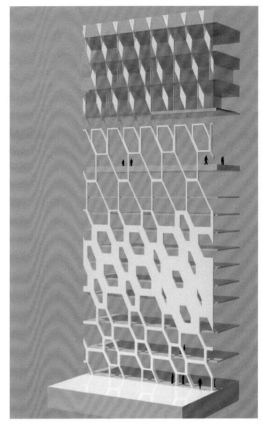

OFFICE
4.8M FLOOR HEIGHT

SKYGARDEN
14.75m

PARKING
3M FLOOR HEIGHT

RETAIL
5M FLOOR HEIGHT

MODUL 01

MODUL 02

MODUL 03

MODUL 04

MODUL 05

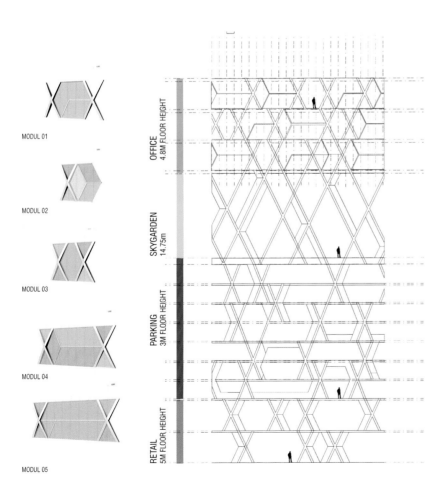

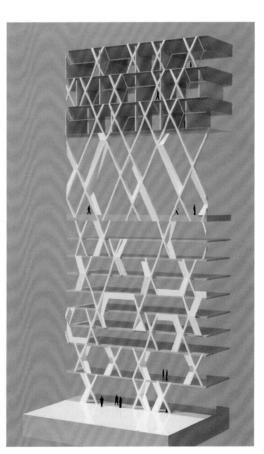

OFFICE
4.8M FLOOR HEIGHT

SKYGARDEN
14.75m

PARKING
3M FLOOR HEIGHT

RETAIL
5M FLOOR HEIGHT

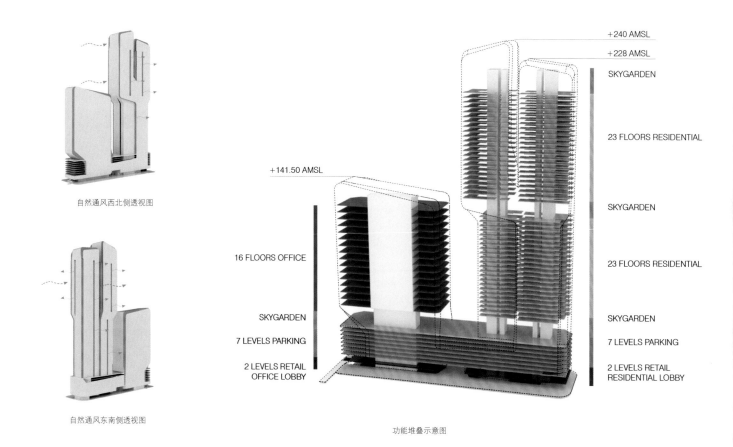

+240 AMSL
+228 AMSL

SKYGARDEN

23 FLOORS RESIDENTIAL

SKYGARDEN

23 FLOORS RESIDENTIAL

SKYGARDEN

7 LEVELS PARKING

2 LEVELS RETAIL
RESIDENTIAL LOBBY

+141.50 AMSL

16 FLOORS OFFICE

SKYGARDEN

7 LEVELS PARKING

2 LEVELS RETAIL
OFFICE LOBBY

自然通风西北侧透视图

自然通风东南侧透视图

功能堆叠示意图

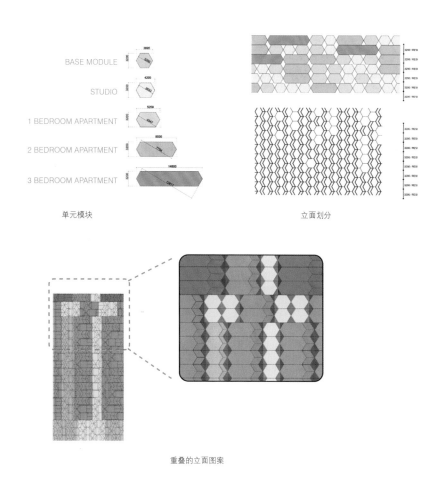

BASE MODULE

STUDIO

1 BEDROOM APARTMENT

2 BEDROOM APARTMENT

3 BEDROOM APARTMENT

单元模块

立面划分

重叠的立面图案

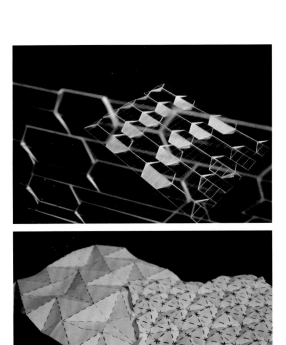

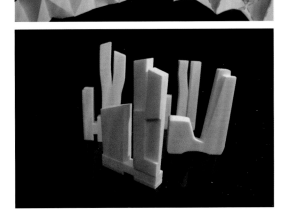

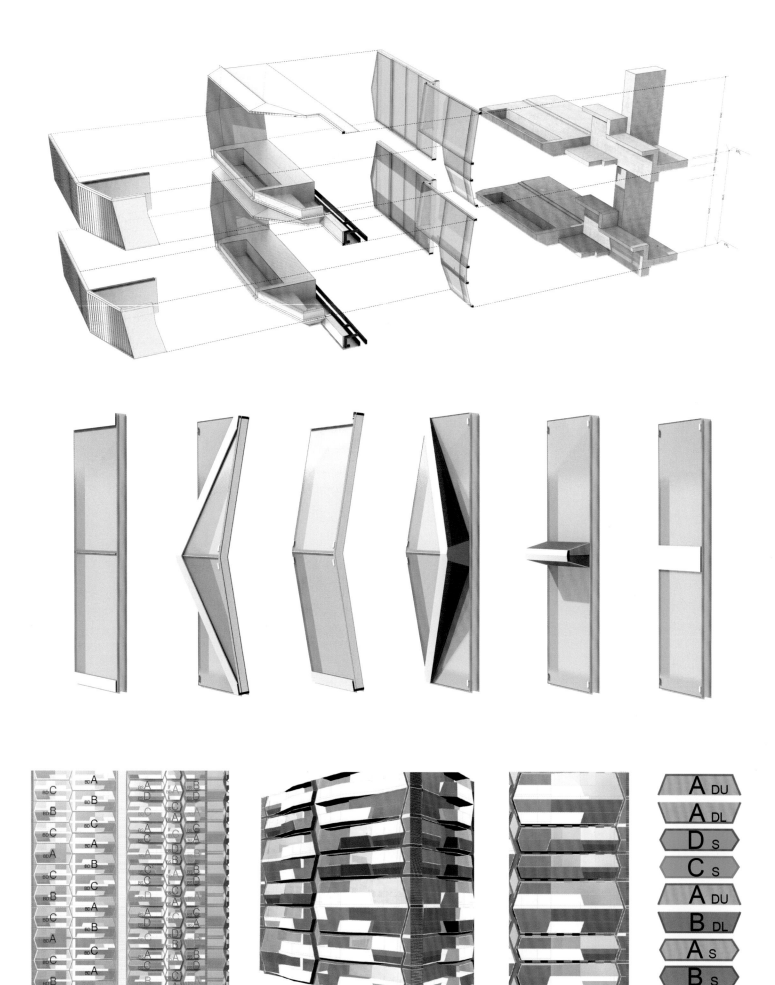

住宅单元堆叠设计   八个单元重复堆叠细部图

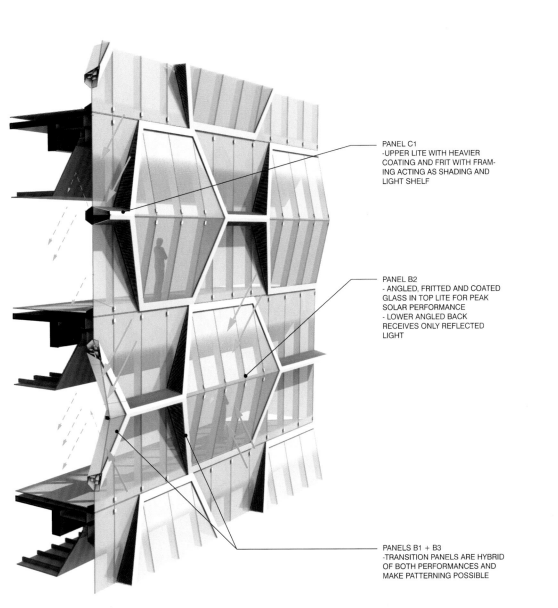

PANEL C1
-UPPER LITE WITH HEAVIER
COATING AND FRIT WITH FRAM-
ING ACTING AS SHADING AND
LIGHT SHELF

PANEL B2
- ANGLED, FRITTED AND COATED
GLASS IN TOP LITE FOR PEAK
SOLAR PERFORMANCE
- LOWER ANGLED BACK
RECEIVES ONLY REFLECTED
LIGHT

PANELS B1 + B3
-TRANSITION PANELS ARE HYBRID
OF BOTH PERFORMANCES AND
MAKE PATTERNING POSSIBLE

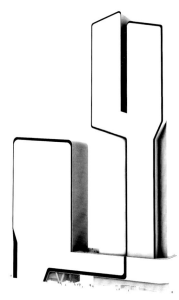

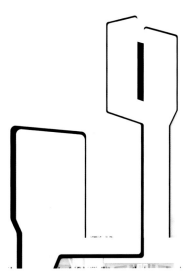

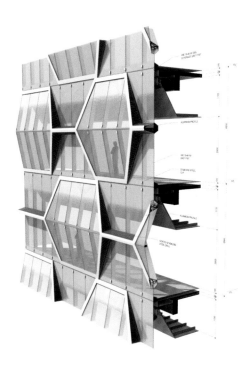

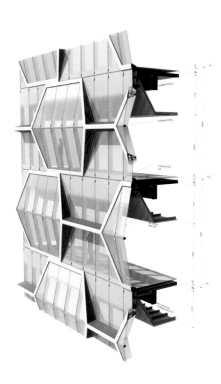

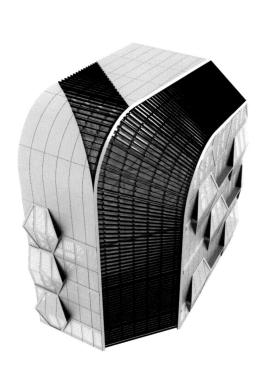

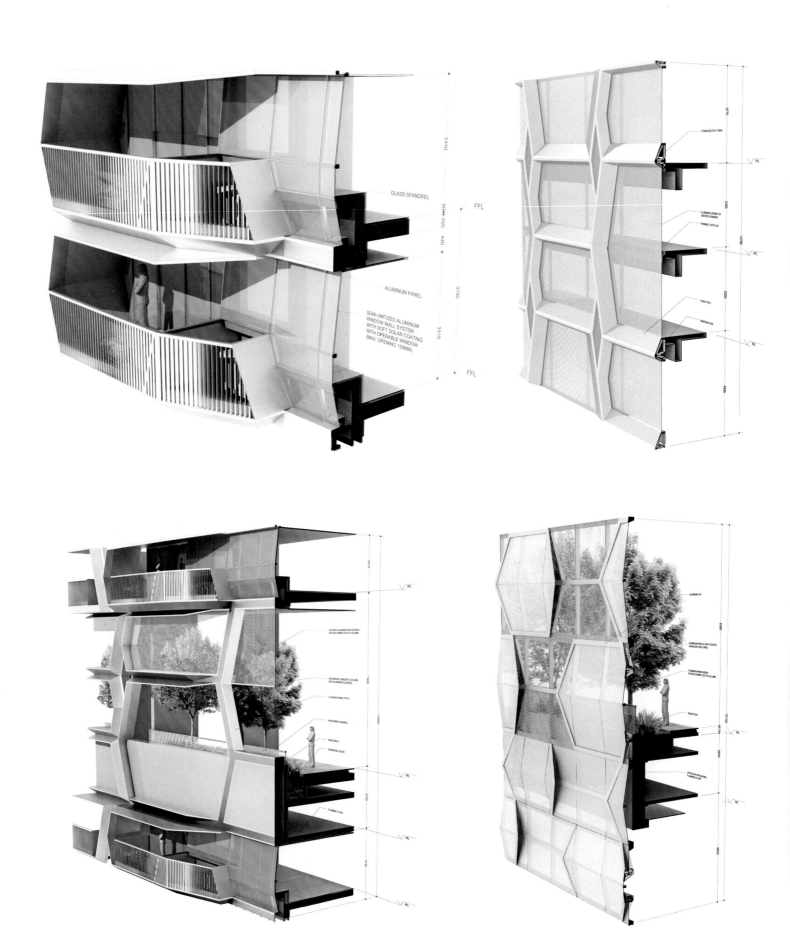

GLASS SPANDREL

ALUMINUM PANEL

SEMI-UNITIZED ALUMINUM
WINDOW WALL SYSTEM
WITH SOFT SOLAR COATING
WITH OPERABLE WINDOW
(MAX. OPENING 150MM)

图书在版编目（CIP）数据

世界优秀建筑设计机构精选作品集：全10册/曾江河编.—天津：

天津大学出版社,2013.1

ISBN 978-7-5618-4619-3

Ⅰ.①世…　Ⅱ.①曾…　Ⅲ.①建筑设计-作品集-世界-现代　Ⅳ.

①TU206

中国版本图书馆CIP数据核字(2013)第027576号

总　编　辑：上海颂春文化传播有限公司

美术编辑：孙晓晔

责任编辑：郭建华

出版发行　天津大学出版社

出 版 人　杨欢

地　　　址　天津市卫津路92号天津大学校内(邮编:300072)

电　　话　发行部:022-27403647

网　　　址　publish.tju.edu.cn

印　　刷　深圳市彩美印刷有限公司

经　　销　全国各地新华书店

开　　本　230mm×300mm

印　　张　90.5

字　　数　1213千

版　　次　2013年3月第1版

印　　次　2013年3月第1次

定　　价　1462.00元